中等职业教育公共基础课教材系列

中职生安全教育

李莹昊　陈俊财　杨　梅　主编

黄俊洪　廖世勋　副主编

科学出版社

北　京

内 容 简 介

本书分为 6 章，分别是社会安全、校园安全、应对自然伤害、预防人为伤害、生活安全、网络安全，包含 40 个小节，分别指出了中职生在学习、生活、实习等方面存在的安全风险，有助于提高中职生的自我保护意识，增强其自我保护能力。

本书具有较强的针对性、指导性和实用性，并以二维码形式提供配套测试题，丰富了教学内容的呈现形式，能够实现信息化教学。

本书可作为中职学校一年级、二年级学生的学习用书。

图书在版编目 (CIP) 数据

中职生安全教育/李莹昊，陈俊财，杨梅主编. —北京：科学出版社，2020.4
（中等职业教育公共基础课教材系列）
ISBN 978-7-03-064775-7

Ⅰ.①中… Ⅱ.①李… ②陈… ③杨… Ⅲ.①安全教育－中等专业学校－教材 Ⅳ.①G634.201

中国版本图书馆 CIP 数据核字（2020）第 056005 号

责任编辑：涂 晟 贾家琛 / 责任校对：马英菊
责任印制：吕春珉 / 封面设计：东方人华平面设计部

科 学 出 版 社 出版
北京东黄城根北街 16 号
邮政编码：100717
http://www.sciencep.com
三河市骏杰印刷有限公司印刷
科学出版社发行 各地新华书店经销
*
2020 年 4 月第 一 版 开本：787×1092 1/16
2020 年 4 月第一次印刷 印张：7
字数：167 000
定价：29.00 元
（如有印装质量问题，我社负责调换〈骏杰〉）
销售部电话 010-62136230 编辑部电话 010-62135763-2013

本书编写委员会

主　　编：李莹昊　陈俊财　杨　梅

副主编：黄俊洪　廖世勋

参编人员：吴开泉　华永生　李　霆　董晓倩

　　　　　程永东　曹远明　罗本飞　王　强

　　　　　温明勇　张　畅　郭朝鑫　李天平

　　　　　曾冰洁　石　卉

前　言

安全是人的生命保障、健康之本；安全伴随着幸福，安全创造着财富，安全能使广大学生终生受益。安全与个人、家庭和社会密切相关，直接关系到学校的发展、家庭的幸福、社会的稳定。

中职生是比较特殊的学生群体，他们既要在学校学习文化知识，又要到工厂或者实训车间操作实习，因此对他们进行校内外的安全教育尤为重要。编写《中职生安全教育》，就是针对中职生的实际，对其进行社会安全、校园安全等方面的教育，增强学生的安全知识和自我保护意识，提高他们自救自护和互救互助的能力。

《中职生安全教育》的编者是长期工作在教育一线且具有丰富安全教育经验的教师。本书凝聚了编者的智慧和心血，通过设置案例、相关知识、课后检测将理论性和知识性内容融为一体。

本书的学时安排如下：

章序	章名	建议学时
第一章	社会安全	3
第二章	校园安全	14
第三章	应对自然伤害	5
第四章	预防人为伤害	9
第五章	生活安全	21
第六章	网络安全	8

本书主要由四川省宜宾市职业技术学校安全教育小组人员编写，其中，李莹昊、陈俊财、杨梅担任主编；黄俊洪、廖世勋担任副主编；参与编写的人员有：吴开泉、华永生、李霆、董晓倩、程永东、曹远明、罗本飞、王强、温明勇、张畅、郭朝鑫、李天平、曾冰洁、石卉。具体编写分工如下：黄俊洪编写第一章；廖世勋、陈俊财编写第二章；李莹昊编写第三章和第六章；杨梅编写第四章；廖世勋、陈俊财、杨梅编写第五章。参编人员负责提供资料素材和审稿，其中，吴开泉负责第一章；华永生、李霆、董晓倩负责第二章；程永东负责第三章；曹远明、罗本飞负责第四章；王强、温明勇、张畅、郭朝鑫、李天平负责第五章；曾冰洁、石卉负责第六章。

在编写本书的过程中，编者借鉴了同类教材，在此向相关人员和单位深表感谢。

由于编者水平有限，加之时间仓促，书中难免存在不足之处，请读者不吝赐教。

编　者

2020 年 1 月

目　　录

第一章 社 会 安 全

第一节 全民国家安全教育日的由来

2014 年 4 月 15 日，习近平总书记在中央国家安全委员会第一次会议上明确提出了"总体国家安全观"。这是新时期中国共产党维护国家安全的根本方针政策[①]。在这次会议上，习近平首次系统提出 11 种安全，即政治安全、国土安全、军事安全、经济安全、文化安全、社会安全、科技安全、信息安全、生态安全、资源安全、核安全。

2015 年 7 月 1 日，第十二届全国人民代表大会常务委员会第十五次会议表决通过了《中华人民共和国国家安全法》（以下简称《国家安全法》）。其中第一章第二条规定："国家安全是指国家政权、主权、统一和领土完整、人民福祉、经济社会可持续发展和国家其他重大利益相对处于没有危险和不受内外威胁的状态，以及保障持续安全状态的能力。"[②]

为提升全社会的国家安全意识，《国家安全法》将每年 4 月 15 日定为全民国家安全教育日。2016 年 4 月 15 日是首个全民国家安全教育日。国家加强新闻宣传和舆论引导，通过多种形式开展国家安全宣传教育活动，将国家安全教育纳入国民教育体系和公务员教育培训体系，增强全民的国家安全意识。

案例 →→→

河南曝光间谍潜伏案

"间谍"这个词大家并不陌生，我们身边就有可能潜伏着窃取国家机密、严重威胁国家安全的间谍人员。

在河南省郑州市，每当夜幕降临，一个神秘的信号就会出现。自 2013 年 12 月以来，该信号就从未间断过。这个可疑信号的出现，引起了侦查人员的格外关注。侦查人员立即进行了技术分析，隐藏的间谍很快浮出水面。

张某长期从事某重点领域的武器装备研究工作，他接触到的某核心技术事关我国

[①] 佚名，2019. 全民国家安全教育日，这些知识你应该知道 [EB/OL].（2019-04-17）[2020-01-21]. http://www.chinanews.com/gn/ 2019/04-17/8811790.shtml.

[②] 佚名，2018. 中华人民共和国国家安全法[EB/OL].（2018-04-14）[2020-01-21]. http://news.12371.cn/2018/04/14/ARTI1523666290858609.shtml.

尖端武器的研发和装备，也是目前全世界最尖端、最前沿的科研项目之一，更是世界各军事大国争夺的制高点，关乎着我国的国家安全。张某出国期间被境外间谍组织策反，长期潜伏在我国军工科研领域，把我国尖端武器的核心机密毫无保留地出卖给了境外间谍组织。这就意味着，假如发生战争，很有可能给我国造成极为严重的危害。

2014年6月，郑州市国家安全局决定对张某实施抓捕。间谍案的及时侦破，一举拔掉了境外间谍组织安插在我国军工部门的一颗钉子。但是由于张某之前的严重泄密，我国的军工科研领域某重大国防科研项目被提前曝光，给我国的国家安全造成了极其严重的危害。2017年，张某因犯间谍罪获刑15年。

（资料来源：佚名，2018. 中国尖端武器机密外泄，河南首次曝光间谍"潜伏"大案[EB/OL].(2018-04-14)
[2020-01-20]. http://m2.people.cn/r/MV8wXzEwODI4MTE4XżIẁNDQwOV8xNTIzNzA4NDIx.)

相关知识 →→

一、维护国家安全

1. 认识破坏国家安全的行为

叛国、分裂国家、颠覆或者煽动颠覆人民民主专政政权、煽动叛乱、窃取或泄露国家秘密，以及协助境外势力开展渗透、破坏、颠覆、分裂活动等都属于破坏国家安全的行为。

2. 维护国家安全的方法

1）遵守宪法、法律法规关于国家安全的有关规定。

2）保守所知悉的国家秘密。

3）如实提供所知悉的涉及危害国家安全活动的证据。

4）向国家安全机关、公安机关和有关军事机关提供必要的支持和协助。

5）机关单位的计算机内外网不混用。

6）不在内网专用计算机上使用无线网卡、无线鼠标、无线键盘等无线设备及外单位的存储介质。

7）及时更新杀毒软件，加强对病毒的防范，不把涉密信息随意发布到互联网上。

8）不在军营、军用港口等未经允许的场所进行拍摄，严格遵守警示提醒，如图1-1所示。

9）理性表达爱国行为，不在网络平台发布不当的言论和照片。

10）发现危害国家安全的行为和线索，拨打国家安全机关"12339"举报电话，如图1-2全民国家安全教育日标志中所示。

图 1-1　警示提醒

图 1-2　全民国家安全教育日标志

二、世界各国对国家安全教育的重视

1. 美国

美国专门制定了《普通军训与兵役法》《国家安全教育法》等一系列法律法规，为国家安全教育提供了组织、人力、物力保障。

2. 俄罗斯

俄罗斯法律规定，20～70 岁的公民均须接受法定的国防教育。另外，16～60 岁的男性和 16～55 岁的女性均须接受民防义务训练；大学、中学学校则根据相关法律把国家安全教育和训练列为正式课程，并把学生的军训成绩计入学分。

3. 英国

从 2011 年开始，英国的所有中小学全面实行"绿十字互联网安全守则"教育，以提升学生的网络分辨能力和抗诱惑力。暑假期间，学校组织学生参观军营等夏令营活动，以引起学生对国家安全保卫工作的兴趣，增强学生的防范意识，吸引青年学生参军。

4. 德国

德国的学校没有专门开设国防教育课程，学生也不参加军训。一般在介绍国家概况课程时，会涉及一些军队的相关知识。如果学生想更多地了解有关国防的情况，可以请军队派人到学校进行介绍，与学生讨论有关问题。

5. 瑞士

瑞士在全国各地设立军官与士兵协会、公民协会、射击协会等官方或半官方的国家安全教育机构，同时编发《民防手册》，人手一册，以便达到人人皆知的目的。

6. 日本

日本是一个岛国，且多发地震，各地方政府常以资源匮乏、防御困难等因素为背景，组织防灾抗灾教育和能源紧张演练活动，培养国民的危机意识和忧患意识。

7. 以色列

行军教育是以色列国家安全教育的特色之一。从小学开始，学校就组织"用脚去认识以色列"的活动，通过这种融合历史传统的爱国主义和国防教育形式不断增强民族凝聚力。

课后检测

请扫描二维码进行在线同步测试。

在线同步测试1

第二节 不参加邪教组织

宗教是人类社会发展到一定历史阶段出现的一种文化现象。佛教、伊斯兰教和基督教并称为世界三大宗教。我国坚持宗教信仰自由政策，既保障群众信教和不信教的自由权利，又坚持进行科学普及和无神论宣传。《中华人民共和国宪法》第三十六条规定："中华人民共和国公民有宗教信仰自由。任何国家机关、社会团体和个人不得强制公民信仰宗教或者不信仰宗教，不得歧视信仰宗教的公民和不信仰宗教的公民。国家保护正常的宗教活动。任何人不得利用宗教进行破坏社会秩序、损害公民身体健康、妨碍国家教育制度的活动。宗教团体和宗教事务不受外国势力的支配。"

邪教不是宗教。邪教是指冒用宗教、气功或其他名义，形成反社会的邪说，并以此作为对其成员进行精神控制的手段，实施危害社会行为的非法组织。邪教的危害极大，如：残害生命，侵犯人权；骗取钱财，精神控制；破坏生产，扰乱社会；侵蚀政权，践踏法律等。

案例 →→→

揭穿邪教组织"全能神"丑恶嘴脸

据了解，"全能神"邪教组织又名"实际神"，其教义是引用和曲解基督教的《圣经》而来，借"基督教"名义从事非法活动。该组织是由美国传入我国的一种邪教组织分化衍生而来。

"全能神"邪教组织打着基督教旗号，散布以歪曲基督教而杜撰的歪理邪说，非法传教。该组织宣扬耶和华统治的"律法时代"、耶稣统治的"恩典时代"已过去，"全能神"统治的"国度时代"已来临，神以一个东方女性的形象降临中国，将对人类进行审判。该组织还声称"世界末日就要来临"，只有信"全能神"才能得救，凡不信和抵制的都将被"闪电"击杀。

"全能神"20世纪90年代开始在河南省出现，并扩展至多个省，是带有政治色彩的邪教组织。该组织敛财骗钱的实例在全国许多地方都出现过，不少被该组织"诱骗"加入的群众深受其害。该组织甚至煽动其成员离家出走，把全部身心和财产交给教主，致使许多原本幸福美满的家庭支离破碎，许多原本贫穷困苦的家庭雪上加霜。

该组织的传播，严重干扰了部分群众正常的宗教信仰，扰乱了百姓工作和生活秩序，蒙蔽吸引不明真相的群众，使许多家庭失去和睦，造成了极大的社会危害。有关部门已提醒群众坚决抵制，一旦发现"全能神"违法犯罪活动，请及时拨打110报警，并配合公安机关打击处置。

（资料来源：陆亦灵，2012. [上海静安] 揭穿邪教组织"全能神"丑恶嘴脸[EB/OL]. (2012-12-26)[2020-01-21]. http://sh.wenming.cn/gjbs/201212/t20121226_1002437.htm.）

相关知识 →→

一、宗教与邪教的区别

1）宗教崇拜超人间的"神"，宗教的神职人员只是神的仆人；邪教的教主是现世的人，却自称是至高无上的"神"，要求信徒绝对崇拜、绝对服从。

2）宗教为人们提供善意的精神寄托和信仰支持；邪教对信徒灌输歪理邪说，不择手段地实行精神控制。

3）宗教宣扬虚幻的"末世论"，将"世界末日"置于遥远的未来；邪教渲染末世即将来临的"末世论"，并以此蒙骗和恐吓信徒。

4）宗教的信仰活动相对宽容、自由，宣传的道德多为数千年来人类社会公认的伦理道德；邪教以欺骗信徒为手段，常假借神的名义强迫信徒对教主倾其所有，部分邪教还号召女信徒对男教主"奉献"身体。

5）宗教活动及其场所一般是公开的，宗教戒律大多数与当地法律相符合，不危及宪法和法律赋予公民的基本权利；邪教一般秘密结社，活动场所不公开，对信徒实行隔离管制，对离教、叛逆人员采取威胁、报复等手段。

6）宗教的教义与现实世界相容，不排斥现实世界，在某种程度上能劝善戒恶，引导积极人生；邪教与现实世界对抗，教唆人们逃避和摧毁现世，往往导致偏执狂热的极端行为，对社会造成严重危害。

二、邪教的主要特征

邪教的主要特征包括：①制造教主崇拜；②编造和散布邪说，如"世界末日"邪说；③进行精神控制和人身摧残；④非法聚敛钱财；⑤仇视社会，敌视政府；⑥攻击、诋毁宗教和爱国宗教组织；⑦宣扬神秘主义，散布迷信、反对科学；⑧进行秘密活动。

三、邪教的骗人手段

邪教的骗人手段包括：①打着宗教或气功的幌子蒙骗人；②用治病、免灾诱惑人；

③用看相算命、装神弄鬼等各种把戏吓唬人；④用套近乎拉拢人；⑤用小恩小惠收买人；⑥用暴力手段胁迫人。

四、中职生反对和抵制邪教的方法

同邪教组织做斗争是正义与邪恶、文明与愚昧、进步与倒退的较量，是维护国家安全和社会稳定的一场严肃斗争。中职生要做到崇尚科学、拒绝邪教，自觉抵制邪教的宣传和破坏活动。

1）提高警惕，认清邪教组织的反动本质。严格遵守国家法律法规和社会公德、职业道德、家庭美德，讲科学、讲文明、树新风，积极参加健康文明的文体活动，自觉抵制邪教的侵蚀。

2）态度要坚决，对邪教组织的反动宣传要做到不听、不看、不信、不传。

3）敢于斗争，积极配合公安机关和有关部门，打击邪教组织的违法犯罪活动。

4）如发现邪教分子在非法串联、秘密集会、聚众闹事，印刷、偷运、散发、邮寄反动宣传品，书写、喷涂、悬挂、张贴有邪教内容的反动标语，进行电视插播等，要立即报告有关部门或拨打 110 报警。

5）如有人宣传如"法轮功""三退""九评"等内容，或传递邪教组织的宣传品（光盘、图书、印刷品等），要在第一时间报警。

6）如收到有邪教宣传内容的手机短信、电子邮件，要立即将其删除；如接到邪教宣传内容的骚扰电话，要直接挂断。

7）如发现人民币上印有邪教宣传内容的字样，要及时向公安机关报告，之后到银行兑换，避免其继续流通，造成恶劣影响。

8）当发现家人、朋友参与邪教活动时，要坚决反对，对其进行耐心说服教育和正确引导。

小提示

形形色色的邪教

中国反邪教协会公布了 11 种比较活跃的邪教组织，它们分别是"法轮功""全能神""呼喊派""门徒会""统一教""观音法门""血水圣灵""全范围教会""三班仆人派""灵仙真佛宗""中华大陆行政执事站"。其他如"灵灵教""华南教会""被立王""主神教""世界以利亚福音宣教会""圆顿法门""新约教会""达米宣教会""天父的儿女"等邪教组织在我国境内也有传教、聚会、滋事等活动。

课后检测

请扫描二维码进行在线同步测试。

在线同步测试 2

第二章 校园安全

第一节 防治校园暴力

校园暴力是指发生在校园内、学生上学或放学途中、学校的教育活动中的，由学生、教职工、校外人员针对学生生理和心理状况实施的、达到一定伤害程度的侵害行为。本书所指的校园暴力主要指学生与学生之间以大欺小、以强凌弱的行为。

案例 →→

职高学生因口角教室内捅死同学

2016年1月3日晚，云南丽江永胜县发生一起命案，一名学生持刀捅上同班同学，致其死亡，目前嫌疑人已被刑拘。

据悉，事发当晚19时左右，县职高学生詹某某与同班同学王某某在教学楼205教室发生口角，后王某某用随身携带的小刀插了詹某某腹部一刀，詹某某由其班主任送往医院，经抢救无效死亡。

〔资料来源：校园暴力频现：职高学生因口角教室内捅死同学[EB/OL]. (2016-01-08)[2020-01-21]. http://edu.sina.com.cn/zxx/2016-01-08/doc-ifxnkkuy7715651.shtml.〕

相关知识 →→

一、校园暴力相关法律法规

（一）校园暴力的行为人责任

1. 刑事责任

《中华人民共和国刑法》（以下简称《刑法》）第十七条规定："已满十六周岁的人犯罪，应当负刑事责任。已满十四周岁不满十六周岁的人，犯故意杀人、故意伤害致人重伤或者死亡、强奸、抢劫、贩卖毒品、放火、爆炸、投放危险物质罪的，应当负刑事责任。已满十四周岁不满十八周岁的人犯罪，应当从轻或者减轻处罚。因不满十六周岁不予刑事处罚的，责令他的家长或者监护人加以管教；在必要的时候，也可以由政府收容教养。"

2. 民事责任

因故意或过失侵害他人的人身权和财产权依法应负损害赔偿责任。由侵权行为引发的损害赔偿称为民事责任。民事责任旨在保护受害人的身体财产不受不法侵害。

根据《中华人民共和国民法通则》（以下简称《民法通则》）和《最高人民法院关于确定民事侵权精神损害赔偿责任若干问题的解释》的有关规定，当9种人格权遭受不法侵害时可以向人民法院起诉请求赔偿精神损害。这9种人格权是生命权、健康权、身体权、姓名权、肖像权、名誉权、荣誉权、人格尊严权、人身自由权。

（二）校园暴力的学校责任

《最高人民法院关于审理人身损害赔偿案件适用法律若干问题的解释》第七条规定："对未成年人依法负有教育、管理、保护义务的学校、幼儿园或者其他教育机构，未尽职责范围内的相关义务致使未成年人遭受人身损害，或者未成年人致他人人身损害的，应当承担与其过错相应的赔偿责任。"

二、校园暴力的主要表现形式

1）使用拳打脚踢等暴力行为欺负同学。

2）用暴力胁迫弱小者，强索金钱或物品。

3）在网上散布具有人身攻击性质的言论。

4）在网上发布关于他人个人隐私的信息、图片、视频等。

5）用讥讽、侮辱性的语言对他人进行语言攻击。

6）通过拉帮结派，孤立、冷落他人，给他人心理造成伤害等冷暴力行为。

三、校园暴力的应对方法

校园暴力在扭曲学生心灵的同时，也直接损害了学校的声誉。严厉打击校园暴力早已成为全社会的共识。为净化校园环境，弘扬校园正气，维护校园正常教育教学秩序，还校园一份安宁，中职生必须从自身做起，加强道德修养和法治观念，坚决杜绝各类校园暴力事件。

1. 预防校园暴力

1）学校、教师和学生都要高度重视校园暴力问题，认真分析其原因并一一解决，不能将校园暴力事件视为偶然事件。

2）净化文化环境，开展健康的文化活动。学校要尽可能地开展丰富多彩的文体活动，学生要积极参与并在活动中建立友谊，学会与人和谐相处。

3）通过学科渗透、案例分析、角色体验等方式使法治理念入脑入心，为校园安全构筑牢固的防线。

4）建立新型的师生关系。教师要平等友爱地与学生沟通，学生也要继承尊师重教的传统美德。

5）学会自我保护。学校是学生群居之地，学生之间发生矛盾是不可避免的，因此，学生要掌握自我保护的技能，尽可能避免与他人发生冲突。

6）加强校园周边环境整治。学校应主动与当地政府及公安部门联系，定期召开会议，分析校园周边的治安状况，及时采取措施，保障学校周边环境的安全。同时，学生应及时向学校和公安机关报告所发现的安全隐患。

2. 处理校园暴力

1）不围观、不起哄、不介入，更不火上浇油。

2）同学间发生口角和摩擦时，如果想劝解，应当先问明情况，站在公正的立场上做双方的工作。若劝阻无效，应及时向教师或学校保卫部门报告，以防事态扩大。

如果发生校园暴力事件，情节较轻的按校纪校规处理，情节严重的移交公安机关处理。

3）当学校有关部门进行调查时，现场目击者要勇于向有关部门提供线索和证据，以保护受害者的合法权益，使施暴者受到惩罚。

小提示

应对校园斗殴的方法

1. 防突发性斗殴——说服术

突发性斗殴往往是由双方当事人不冷静对待某件小事引起的。防止这种斗殴应当采取说服的方法，讲清"行其少顷之怒而丧终身之躯"的严重后果，使冲动的双方当事人冷静下来。

2. 防报复性斗殴——攻心术和暗示效应

报复性斗殴往往产生于当事人的某种异常心理，这种斗殴同突发性斗殴一样，须用说理的方法化解。不同的是，在说理时不可指出对方的错误，以免引起对方反感。

3. 防演变性斗殴——及早化解

演变性斗殴是指双方当事人之间长期积怨、受辱、被欺负而无人调解，使矛盾由量变发展到质变而产生激烈的报复性斗殴。对于这种斗殴，我们应及早发现、及时化解。

4. 防群体性斗殴——明辨是非

群体性斗殴的原因往往是同学、老乡或朋友与人发生纠纷后不能冷静处理而纠合起来向对方进行报复。对于这种斗殴，我们应明辨是非，冷静对待，不参与，并劝阻他人参与。

5. 用好"护身符"——学生证

在校外遇到不明身份者向自己挑衅时，应及时出示自己的学生证，表明自己是学生，中止对方的挑衅行为。

课后检测

在线同步测试 3

请扫描二维码进行在线同步测试。

第二节　注意男女交往要得体

交往得体就是指在某种特定的场合，同某个或某些有关系的人以恰如其分的语言和动作沟通与相处。

案例 →→→

高三男生因早恋跳楼砸伤路过女生

2019 年 12 月 25 日，陕西汉中洋县中学一名高中男生因早恋问题，于下午放学后从二楼阳台跳下，落地时砸伤一名路过女生。事发后，该校第一时间拨打 120 电话，将两名伤者送至洋县医院进行救治，并协调家长、安抚学生、配合治疗。12 月 28 日，洋县县委通报称，目前，该男生情绪稳定，各项身体机能正常，被砸女生胸椎出现骨折。

（资料来源：杨利，2019. 陕西洋县一高三男生因早恋跳楼砸伤过路女生 两人均受伤[EB/OL]. (2019-12-29)[2020-01-21]. http://bbs1.people.com.cn/post/1/1/2/174407654.html.）

相关知识 →→→

一、正确理解男女生的正常交往

在生理发展阶段，中职生已从异性疏远期发展到异性亲近期，有了解对方、接近对方的欲望，希望异性同学注意自己、喜欢自己。男女生交往是一种正常的且对双方都有一定积极意义的事情。特别是中职学校的男生和女生，正常交往有利于互相取长补短，完善人格，增强性别意识和社会交往能力。

二、男女生正常交往的原则

1. 自然交往原则

中职生在与异性交往的过程中，言语、表情、行为举止、情感流露及所思所想要做到自然、顺畅，既不过分夸张也不闪烁其词，既不盲目冲动也不矫揉造作。消除异性交往中的不自然感是建立正常异性关系的前提。自然交往原则的最好表现是，像对待同性同学那样对待异性同学，像建立同性关系那样建立异性关系，像进行同性交往那样进行异性交往。

2. 适度交往原则

男女生交往的程度和方式要恰到好处，要保持必要的距离，避免过分亲昵。异性中职生可以互为好朋友，在思想上相互沟通，在生活上互相帮助。

3. 真实坦诚、平等待人原则

男女生交往要留有余地，不能毫无顾忌。例如，避免谈及两性之间的一些敏感话题，身体接触要有分寸等。

三、男女生交往的注意事项

1）双方的衣着要符合学生的身份，语言表达要得体。

2）女生要举止端庄、稳重、得体、适度；男生要从容大方，举止有度。

3）要避免早恋。学生应把注意力转移到学习上来，努力提高学习成绩；应树立远大的人生目标和切实可行的近期目标，把时间和精力放在对目标的实现上。

4）要分清友谊与爱情的区别。男女生之间应存在正常的友谊，不要把友谊当成爱情而想入非非。

5）在拒绝异性同学的追求时，语气要委婉。

课后检测

请扫描二维码进行在线同步测试。

在线同步测试4

第三节 保持心理健康

中职生处于青少年时期，其生理和心理都会发生急剧变化，如果在这一阶段出现难以解决的心理问题，可能会影响今后的健康成长。

案例 →→

高中生欲跳楼轻生 被消防员一脚踹回

2017年7月1日下午，安徽省无为县一名高中生和父母发生争吵，一时想不开，坐在自家13楼窗户上想要轻生，在实施救援过程中，一名消防战士腰系安全绳，从14楼快速"精准点降"，突然出现在高中生面前，一脚将对方踹进屋内，救其一命。

（资料来源：许梦宇，2017. 高中生跳楼被踹回 消防战士将其从窗台一脚踢进屋[EB/OL]. (2017-07-04)[2020-01-21].
http://ah.anhuinews.com/system/2017/07/04/007659162.shtml.）

相关知识 →→→

一、树立正确的人际交往原则

1. 平等原则

每个人都有友爱和受人尊敬的需要，在人际交往中，交往双方的地位是平等的。

2. 包容原则

为人处世要心胸开阔、宽以待人，建立融洽的人际关系。

3. 互利原则

人们要相互依存，在交往过程中要使双方各自的需要得到满足。

4. 信用原则

要做到言而有信，不轻许诺言。

5. 尊重原则

与人交往时要热情友好、以诚相待、不卑不亢，做到自尊和尊重他人。

二、培养健康的心理

1. 中职生心理健康的标志

中职生心理健康的标志包括：①智力正常；②有情绪的稳定性与协调性；③有较好的社会适应性；④有和谐的人际关系；⑤反应能力适度，行为协调；⑥心理年龄符合实际年龄；⑦有心理自控能力；⑧有健全的个性特征；⑨有自信心；⑩有心理耐受力。

2. 中职生不健康心理的类型

中职生不健康心理的类型包括：①自卑心理；②怯懦心理；③猜疑心理；④逆反心理；⑤排他心理；⑥做戏心理；⑦贪财心理；⑧冷漠心理。

3. 中职生常见的人际交往障碍与解决方案

中职生常见的人际交往障碍与解决方案如表2-1所示。

表 2-1　中职生常见的人际交往障碍与解决方案

人际交往障碍	表现	解决方案
自卑	过多的自我否定或对自我能力估计过低而自惭形秽	客观地分析自己、评价自己，发现自己的闪光点。从小的成功开始，通过不断成功确立自信，来消除对自己能力的怀疑
自恋	过分地自我关心、自我欣赏，抱怨他人不重视自己。突出表现就是以自我为中心，按自己的要求、凭自己的情绪办事	在与同学的交往中，要努力学习别人的优点和长处，要学会站在别人的立场想问题
害羞	过多地约束自己的言行，表情羞涩，神情不自然，不能充分表达自己的思想感情，比较被动，表现为不愿与人交往、不敢与人交往	正确评价自己，树立自信。在各种场合，应顺其自然地表现自己，不要总是考虑别人会怎样看待自己。要勇于同别人交往，在学习和工作中学会克制自己的忧虑情绪，凡事尽可能往好的地方想，多看积极方面，少考虑消极的方面
恐惧	紧张、担心和害怕，以至于手足无措、语无伦次。其表现为精神高度紧张，内心充满害怕，注意力无法集中，脑子里一片空白，不能正确判断或控制自己的举止，变得容易冲动	觉得自己在某一方面不擅长，那么就要更加努力，让别人信服你。例如，害怕在人前讲话，就要多在人前讲话来克服自己这种恐惧的心理
封闭	把自己的真情实感和欲望掩盖起来，过分地自我克制，除了必要的工作、学习、购物以外，大部分时间将自己关在家里，不与他人来往，没有朋友，甚至害怕社交活动	不要压抑自己的真实情感，而要乐于接受自己，提高对社会交往与开放自我的认识，也可以将过分关注自我的精力转移到其他事物上去以减轻心理压力，要正视现实，要勇敢地介入社会生活，找机会多接触和了解其他人
嫉妒	与他人比较，发现自己在才能、名誉、地位或境遇等方面不如别人而产生羞愧、愤怒、怨恨等	嫉妒心的产生往往是由误解引起的，即别人取得了成就，便误以为是对自己的否定和威胁。其实，这只不过是一种主观臆想。一个人的成功不仅要靠自己的努力，还要靠别人的帮助。嫉妒心一旦产生，就要立即将它打消掉，以免其作祟

4. 学会敬畏生命

心理学专家认为，当前青少年自杀事件增多，主要在于当代青少年对生命与生命价值的认知不成熟。一方面，青少年越来越有自我存在感；另一方面，他们对于生命与生命意义的认识并不清晰，在面对学习压力、生活压力或外部批评时感觉不到自我及其价值，会试图通过自杀来进行对抗或实现所谓的"自我解放"。

中职生必须知道，生命值得敬畏的本质在于生命的不可重复性和创造性。生命的存亡不是一个可重复进行的试验，生命的消亡带给自己和家人的都是一种痛苦的体验，而人也承担不起肆意伤害和毁灭生命的代价。

步入校园，面临着新的环境，中职生会出现很多不适应，遇到许多不曾有过的挫折。这些因素都会影响他们的学习和生活，中职生应该积极勇敢地面对，保持心理健康。

 小提示

测试自己的人际交往能力

请根据自己的实际情况，对每个问题做出"是"或"否"的回答。

1) 对于自己的烦恼感到有口难开，没有倾诉的对象。
2) 和陌生人共处一室感觉不自然。
3) 过分地羡慕和嫉妒别人。
4) 在社交场合感到紧张。
5) 与异性交往时感觉不自然。
6) 与一大群朋友在一起时常感到孤寂或失落。
7) 与别人不能和睦相处。
8) 担心别人对自己有坏印象。
9) 对自己的仪表（容貌）缺乏信心。
10) 受别人排斥，感到孤独。
11) 不能广泛地听取各种意见和看法。
12) 常被别人谈论、愚弄。

[计分标准]

选择"是"的加1分，选择"否"的为0分。

你的得分为0～3分，说明你在与朋友相处方面的困扰较少，你善于交谈，性格比较开朗、主动，关心别人。

你的得分为4～7分，说明你与朋友相处存在一定程度的困扰，你的人缘一般。换句话说，你和朋友的关系并不牢固，时好时坏。

你的得分为8～12分，说明你与朋友相处的困扰比较严重；分数超过10分，说明你的人际关系问题很严重，而且出现较为明显的心理障碍，你可能不善于交谈，也可能是一个性格孤僻的人，或者有明显的自高自大的行为。

 课后检测

请扫描二维码进行在线同步测试。

在线同步测试5

第四节　关怀特殊体质学生

特殊体质学生的管理是中职学校的一项重要工作，由于症状在平时不易察觉，而家长往往很少会主动告知学校，该类学生发生意外事故的可能性相对普通学生较大。

案例 →→→

山东初二学生跑步时呕吐晕倒送医后死亡

2019 年 12 月 6 日下午 4 点左右，山东滨州渤海中学北校区一名初二男生上体育课时，在跑步过程中突然呕吐晕倒，被紧急送医抢救无效死亡。12 月 9 日，滨州市公安局滨城分局彭李派出所民警告诉记者，经医生初步判断，男生系心源性猝死。

（资料来源：张静雅，2019. 山东滨州一初二学生跑步时呕吐晕倒送医后死亡，警方介入[EB/OL]. (2019-12-09)[2020-01-21]. http://henan.china.com.cn/edu/2019-12/09/content_40990318.htm.）

相关知识 →→→

一、特殊体质的类型

1. 特异体质

特异体质指学生体质状况不同于常人，对药物（如青霉素）、食物（如花生）、油漆、花粉等物质过敏。部分过敏由遗传因素所致，称为过敏体质；还有部分过敏是由于免疫系统过于敏感，发生了免疫应答，对机体造成了伤害，称为变态反应。

2. 特定疾病

特定疾病指学生患有特定种类的疾病，对学生的学习和生活产生影响，可能引起安全问题，需要学校或者其他教育机构制定管理预案，提供针对性保护。相关疾病，如心脏病、癫痫、血液系统疾病等。

3. 异常心理状况

异常心理状况指存在心理偏差、在大脑生理生化功能障碍和人与客观现实关系失调的基础上产生的、反映歪曲客观现实的心理现象。

二、关怀特殊体质学生的相关要求

1. 对监护人的要求

《中华人民共和国教育法》《中华人民共和国未成年人保护法》《中小学幼儿园安全管理办法》《学生伤害事故处理办法》等法律法规规定，监护人发现被监护人有特异体质、特定疾病或者异常心理状况的，应当及时书面告知学校。

2. 对学校的要求

1）学校对已知的有特异体质、特定疾病或者异常心理状况的学生应当给予适当的关心和照顾。

2）对于生理、心理状况严重异常，不宜继续在校学习的学生，学校应当为其办理休学手续，由监护人安排治疗、休养。

3）学校应建立管理档案，教师及相关人员应当保护学生的隐私。

三、特殊体质学生进行体育运动的方法

特殊体质学生科学而安全地进行体育运动，可以增强体质，促进身心健康。相反，不适当的运动会给人体造成伤害，达不到运动的目的。因此，特殊体质学生应该了解一些体育运动常识，掌握一些安全防范知识，养成良好的运动习惯。

1）特殊体质学生应在参加体育活动前检查自己的身体情况，运动负荷要适当。此类学生要根据自身身体素质选择有利于增强体质的运动负荷。在运动时，应循序渐进、由易到难、从小到大。只有适宜的运动负荷，才能有效地增强体质，促进身体健康。

2）特殊体质学生应在体育教师或医生（校医）的指导下进行适当的体育运动。在运动中要听从相关人员的安排和指导。

3）参加剧烈运动或对抗性强的项目时，特殊体质学生要注意加强自我保护，避免危险动作和激烈的接触性对抗。身体严重异常的学生，不宜参加对抗性强、高强度、高负荷的运动项目。

4）特殊体质学生运动前要认真做好准备活动，寒冷天气准备活动时间应加长，以身体微微出汗为宜；炎热天气不宜长时间在太阳照射和高温环境中剧烈运动，着装应透气、易排汗。

5）特殊体质学生运动后要认真做好恢复整理活动。做恢复整理活动的目的是使人体更好地从紧张状态过渡到安静状态。

6）参加体育运动会消耗大量的能量，所以特殊体质学生在运动前后应适当补充能量。

7）特殊体质学生应自我检查运动反应。运动后经过休息感到全身舒服、精神愉快、体力充沛、食欲增加、睡眠良好，说明运动负荷比较合理；如果感到十分疲劳、四肢酸沉，出现心慌、头晕等症状，说明运动负荷过大，需要休息，调整运动负荷。

课后检测

请扫描二维码进行在线同步测试。

在线同步测试6

第五节　预防运动伤害

运动伤害是指学生在学校体育运动中造成的实质性人身伤害或死亡，以及造成他人人身伤害或死亡后果的事故，主要指在学校正常的体育教学活动、课外体育活动、课余体育训练、运动竞赛中发生的学生伤亡事故。

案例 →→→

运动伤害事故二则

2015 年 10 月，某校学生为准备冬季运动会，在体育老师的带领下进行跳高运动的训练。其中一名女生在跨越过程中碰倒度量高度的竹竿，倒地后被竹竿划伤跟腱。

2016 年 4 月，在某校足球比赛中，两名球员争抢足球，其中一名学生的头顶在了另一名学生的腹部，导致该学生肋骨折断。

相关知识 →→→

学生参与体育运动的主要目的是增强身体素质与团队意识，掌握体育运动常识。但是，如果学生没有掌握科学的运动方法，盲目进行体育运动，或者发生意外事件，就很容易造成运动伤害。

一、常见运动伤害的类型

1）按照受伤组织分类，常见运动伤害主要包括皮肤损伤、肌肉损伤、肌腱损伤、关节损伤、骨折、血管损伤、内脏损伤、神经损伤、脑部损伤等。

2）按照伤后皮肤、黏膜完整性分类，常见运动伤害主要包括开放性损伤和闭合性损伤。其中，开放性损伤包括擦伤、切伤、刺伤等；闭合性损伤包括挫伤、关节韧带拉伤、肌肉拉伤等。

3）按照伤后运动能力，常见运动伤害主要包括轻度损伤、中度损伤与重度损伤。

常见运动伤害类型如图 2-1 所示。

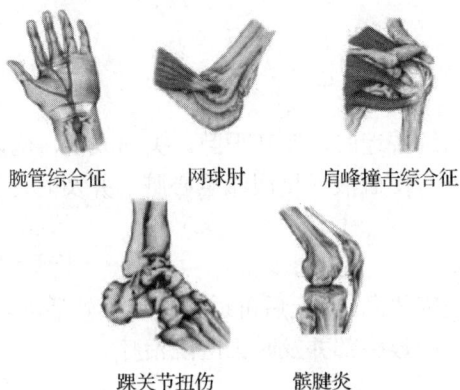

| 腕管综合征 | 网球肘 | 肩峰撞击综合征 |

踝关节扭伤　　髌腱炎

图 2-1　常见的运动伤害类型

二、常见运动伤害的预防

1）学习常见运动伤害的预防知识，增强防伤意识。

2）合理安排运动负荷，要根据自己的情况选择运动内容，适当控制运动量。

3）在运动和比赛前要做好准备活动。

4）掌握运动要领，增强自我保护能力。

5）体育教学、训练与比赛中，要遵守纪律、听从指挥，做好组织工作，采取必要的安全措施。

三、常见运动伤害的急救与处理

1. 鼻子出血处理

鼻子出血时应立即坐下，暂时用口呼吸，用纱布塞住鼻孔，用拇指和食指压住鼻子中部 5～10 分钟，还可用冷毛巾敷在前额和鼻梁上，帮助止血。

2. 擦伤与撕裂伤处理

小伤口或小面积擦伤，可用凉开水或生理盐水清理伤口，伤口周边用酒精或碘伏消毒，不必包扎伤口；如创口内有异物则先用生理盐水清理，再用酒精对伤口周边进行消毒，用纱布、消毒敷料进行包扎。对于撕裂伤，伤口较小的可在止血消毒后用膏药剂进行粘接，伤口大的须及时去医院治疗。

3. 扭伤、挫伤处理

立即停止运动，适当抬高患肢，12 小时内要冷敷，防止继续出血；12 小时后要热敷消除淤血。若怀疑骨折，应及时就医确诊。

4. 脱臼和骨折处理

处理时，动作要轻巧，不可乱伸乱扭；先冷敷再用绷带包扎，保持关节固定不动，并及时去医院治疗。

5. 休克处理

休克者无法行走或已经昏迷时，使其平卧，头部放低，两脚抬高，或由两人抬其下肢，由小腿向大腿做按摩，使血液尽早回流至心脏，并及时送医院治疗。

6. 脑震荡处理

轻度脑震荡患者应卧床休息，5 天后可适当参加户外活动。中度、重度脑震荡患者，要仰卧在平坦的地面上，冷敷头部并及时去医院治疗。

7. 疲劳性骨膜炎处理

疲劳性骨膜炎患者须包裹弹力绷带进行按摩理疗，减少运动量。

课后检测

请扫描二维码进行在线同步测试。

在线同步测试 7

第六节 注意实训课安全

实训课是中职生提升技能水平的重要方式，而在实训过程中注重安全是学生顺利完成实训的重要保证。实训安全是指在实训过程中通过人与机器、物件、环境的有机结合，使各种风险因素始终处于有效的控制范围内。

案例 →→

实训课操作事故

学生肖某在车床上进行零件加工时，用自制的铁钩在零件高速运转的情况下清除切屑，由于没有按照规范流程操作，引发事故，给自己的左手造成了一定程度的伤残。

相关知识 →→

一、实训课安全隐患的避免措施

1）实训期间，学生嬉戏、打闹导致摔伤或碰撞，应及时报告教师。

2）用实训室设备打闹、斗殴容易引发人身伤害事故，因此教师要及时制止此种行为，造成严重后果的，由学校给予严厉处分。

3）实训过程中，应按规程操作，禁止违规操作。

二、实训课安全注意事项

1）遵守实训室内的安全警示标志（图 2-2）。

2）实训时穿好工装，不得穿凉鞋、拖鞋、高跟鞋等进入实训室，认真佩戴和正确使用劳动保护用品。

3）严禁在实训室内嬉戏、打闹，严禁在实训室内随意穿梭。

4）严禁在实训室内吸烟、动火，不带易燃易爆物品进入车间。

5）必须严格遵守危险性作业的安全要求。

6）保持地面及操作平台的整洁，防止被绊倒。

7）使用设备前要进行检查，并按规定进行日常保养与检修。

8）设备运转时，不得用手接触设备的运转部位。

图 2-2　安全警示标志

课后检测

请扫描二维码进行在线同步测试。

在线同步测试 8

第七节　注意假期打工安全

寒暑假期间，不少中职生会选择兼职打工，这不仅能赚取生活费，减轻家庭的经济负担，还可以增加阅历、锻炼能力，为毕业后步入职场打好基础。

但由于中职生缺乏社会经验，假期打工被骗事件屡见不鲜。不少中职生在假期打工时遭遇重重套路，以致或是拿不到工资，或是保证金被骗，或是同工难同酬。打工骗局频频出现，严重侵害了中职生的合法权益，甚至危及中职生生命安全。

案例 →→→

遭遇"兼职打字员"骗局的小李

李某是厦门某中学的应届毕业生，刚参加完高考的他想趁着暑期赚些零花钱，于是在"58同城"上搜索到招聘兼职打字员的信息。小李于是根据该信息，主动联系招工单位。对方让小李添加了一个微信群，并以入职需要交手续费、验证费、认证费为由让他在微信群发红包。6月10日，小李通过微信转出1780元，再次询问招工单位，对方称其已入职成功，然后又以激活账号为由让小李继续发送微信红包，于是小李又在微信群里发了899元。直到对方继续让小李发面对面红包二维码给他时，小李这才突然意识到被骗并报警。

（资料来源：佚名，2018. 这个暑假 你可能会遭遇的诈骗"八大喊"[EB/OL]. (2018-06-27)[2020-01-21].
http://www.sohu.com/a/238074176_99964730.）

相关知识 →→

中职生社会阅历较浅，生活经验不足，法律知识欠缺，很容易被不法分子利用。因此，在假期打工时，中职生一定要提高安全防范意识，保护好个人的人身和财产安全。

一、假期打工安全之常见陷阱

1. 骗取中介费

为人介绍工作收取中介费本来是合理的，但是一些非法中介机构抓住中职生缺少社会经验又挣钱心切的心理，收取高额的中介费却不给安排工作，致使很多中职生直到假期结束也未能上岗。

2. 强行收取押金、抵押物

一些用人单位会向学生收取抵押金（资料费、登记费、建档费、服装费、培训费等）或以身份证、学生证作为抵押物，承诺交了押金后就可以上班。学生交钱之后，他们又以各种借口要求学生等消息，并且拒绝返还押金。另外，还有用人单位以种种理由故意克扣工资，甚至以扣留身份证、学生证相要挟，拒付工资。

3. 诱骗进行色情违法活动

一些娱乐场所以高薪吸引中职生兼职，利用中职生社会经验少、容易相信人的弱点，诱骗中职生进行色情违法活动。还有一些不法分子以高薪聘请家教、秘书等名义诱骗那些涉世不深、找工作心切的女学生。因此，女学生外出打工应增强自我保护意识，遇到危险应尽快报警寻求帮助。

4. 兼职诈骗

（1）兼职打字诈骗

"急聘网络打字员（30元/千字）""招聘打字员，在家办公，薪水日结"……这样的招聘信息在微信群、朋友圈、QQ 群里很常见。诈骗分子一般以需要邮费、押金、加盟费等为借口，骗取钱财。

（2）网络兼职刷单诈骗

网络兼职刷单骗局的一般流程：首先，诈骗分子会给求职者下发一两项小额的刷单任务，并且"按照约定"返还本金和佣金，目的就是"放长线钓大鱼"，充分赢得求职者的信任。其次，诈骗分子会逐渐加大刷单任务的数量和金额，同时以"必须刷满 5 单才能结算"等理由，诱骗求职者继续投入本金。如此手法，周而复始，直至求职者产生疑心不再接单。根据调查，网络兼职刷单诈骗的受害者多为在校学生。

二、假期打工安全之防范应对

1. 提防非法中介机构骗取中介费

中职生假期打工，首先要选择有资质、信誉好的中介机构，要核实该中介机构是否有人力资源和社会保障部门颁发的人力资源服务许可证和工商部门颁发的营业执照。

正规的中介机构通常会将人力资源服务许可证和工商部门颁发的营业执照悬挂在经营场所中较明显的位置，中职生一定要注意营业执照标明的经营范围是否与其宣称的相符。

2. 拒交各种押金、保证金

中职生不要盲目缴纳押金、保证金等费用。根据《中华人民共和国劳动合同法》（以下简称《劳动合同法》）的相关规定，用人单位招用劳动者，不得扣押劳动者的居民身份证和其他证件，不得要求劳动者提供担保或者以其他名义向劳动者收取财物。中职生如遇到用人单位索取押金、保证金，要坚决拒交并向人力资源和社会保障部门举报，以确保自己的合法权益不受侵害。

3. 注意保护个人信息

中职生应增强证件安全意识。在假期打工时，如用人单位要求中职生以本人的身份证件作抵押，要坚决拒绝，谨防个人身份证件流入不法分子手中，成为其进行非法活动的工具。身份证件的复印件也要谨慎使用。

不要轻信陌生人，不要轻易将家人的电话和住址告知别人。被要求输入银行卡号、密码等个人财务隐私信息时，要坚决拒绝。

4. 远离传销，误入当止

传销通常具有以下特征：在"入会"时告诉你，你的职责之一是发展更多的人；缴纳昂贵的会费；在工作场所很多人情绪激昂。中职生如果误入传销组织，应在保证自己人身安全的前提下果断脱身。如被非法拘禁，失去人身自由，手机被没收，可假装同意加入，寻找合适机会逃脱或报警。

5. 不要轻信外地招聘

有些非法中介机构宣称为外地企业或总公司××（外地）分公司、分厂高薪招聘，中职生要保持清醒的头脑和高度的警惕，不要轻信口头许诺，不要轻易到外地上岗，不要去偏僻陌生的地方。

6. 不到娱乐场所工作

娱乐场所鱼龙混杂，人员良莠不齐，常常有不法分子出没。因此，为保障自身安全，中职生尽量不要到酒吧、歌舞厅等娱乐场所做假期兼职。

7. 不做高危工作

有些工作危险系数高、劳动强度大，如机械零部件加工等，容易发生意外事故，中职生在假期尽量不要从事此类工作。

8. 学会用法律武器保护自己

如果自己的合法权益受到侵害，中职生千万不要莽撞行事，要冷静处理，通过合法的途径解决问题，如向学校、教师求助，必要的时候可以寻求法律援助，利用法律武器来保护自己。注意，保留一切与用人单位发生劳动关系的证据，保留工资单、工作服、考勤卡等证据，出现纠纷时可以此作为证据。

中职生在假期打工过程中，一定要擦亮眼睛、量力而行、避免风险，真正实现既获取劳动回报又锻炼能力的目的。

小提示

兼职防诈之"三要七不"

1. 兼职防诈之"三要"

1）要存疑：查证招聘公司是否合法立案。

2）要确定：确定工作地点与工作内容。

3）要陪同：让亲友陪同面试或告知地点。

2. 兼职防诈之"七不"

1）不缴纳不合理或者不明费用。

2）不购买不清楚的任何产品。

3）不随意在对方要求下办理信用卡。

4）不随意签署文件或者合同。

5）不饮用酒及来源不明的饮料。

6）证件、银行卡、手机不离身。

7）不从事非法工作。

课后检测

请扫描二维码进行在线同步测试。

在线同步测试 9

第八节　注意求职安全

许多中职毕业生为了找到一份满意的工作，广搜信息、遍投简历，只要看到符合自己意愿的招聘信息，就积极行动、绝不放过，这就给不法分子提供了可乘之机。

案例 →→

无锡一职校学生向"小姐姐"请教创业被骗 2 万

阿康是无锡某职校的一名学生。临近毕业，出现"就业焦虑"的他一直想自己创业，遂在网上发帖"求教"，很快就看到了一个回帖："我有一个创业好项目，扫码领红包，投入少，收入高，赚钱快，日入 2 000 不是梦，有兴趣的加微信……"阿康与对方互加微信好友后，对方先给阿康发了一段语音，是个甜美的女声。于是，阿康便叫她"小姐姐"。

这位"小姐姐"向阿康介绍，说这个项目跟支付宝搞的"扫红包领赏金"业务有关，她这里有团队可以制作"支付宝扫红包领赏金"的程序脚本，将阿康的支付宝账户信息编写进去，并架设服务器，把这个脚本发到网上，让他人扫描，阿康便能赚到其中的赏金。为了让阿康相信自己的说辞，"小姐姐"一连几天，每天都发送自己的支付宝累计获得的赏金截图给阿康。看到对方每天真的能收入上千元，阿康心动了，主动询问对方怎么投资。"小姐姐"告诉阿康，支付宝这个活动可以持续做一个多月，他只需投入 2 万元，就可以每天赚至少 2 000 元，2 周不到就可回本，一个月收益可以翻倍。已经完全相信了对方的阿康很快凑齐了 2 万元，通过微信转账给了对方。可对方收钱后迟迟没有了消息，阿康再与其联系，发现自己已经被拉黑。

上当受骗的阿康向警方报警，不久，公安机关将犯罪嫌疑人张某抓获。这个张某并不是什么"小姐姐"，而是一个年仅二十岁的无业男青年。

（资料来源：华灵荮，张建波，2019. 无锡一职校学生向"小姐姐"请教创业被骗 2 万[EB/OL]. (2019-08-24)[2020-01-21].http://js.people.com.cn/n2/2019/0824/c360303-33284336.html.）

相关知识 →→→

一、常见的求职陷阱

1. 网络陷阱

网络招聘具有信息量大、覆盖面广、方便快捷、不受时空限制等优点，但是虚拟的网络世界也为一些不法分子提供了机会，方便他们针对求职者的意向，提供虚假职位或巧立名目骗取求职者的钱财。

因此，中职生在网上寻找实习与就业机会时，一定要谨慎，对自己的生命和财产安全负责。在网上求职时，应该选择可靠、知名的招聘网站，应聘前要做好准备，了解应聘单位和应聘条件，以免浪费时间，造成不必要的损失。

2. 中介陷阱

对毕业生而言，通过中介机构找工作无疑是一个便捷的途径。但一些不法分子也注意到了这个牟利途径。他们发布诱人的虚假招聘信息吸引求职者，然后以各种名义收取费用。国家规定，开办职业中介机构必须取得人力资源服务许可证，要有健全的章程和制度，从业人员必须取得相应的资质。

3. 押金陷阱

一些用人单位以高工资、低门槛为诱饵，利用毕业生求职心切的心理，索要押金。签订劳动合同后，用人单位就以种种理由迫使毕业生"违约"，以达到侵吞押金的目的。

根据《中华人民共和国劳动法》，用人单位不得以任何理由向劳动者收取任何费用（包括保证金和押金），不得扣押劳动者的居民身份证和其他证件。

4. 工资陷阱

毕业生在求职过程中，工资是一个很重要的参考条件。但毕业生对工资的了解不能只停留在表面数字上，还应注意福利、社会保险、奖金等是否一并包含在内，充分了解相关信息之后，再理性判断是否求职，不要被单纯的"高工资"冲昏头脑。

"工资面议"有时是用人单位故意给出的悬念，以便引诱求职者投递简历，从而达到"少花钱，多办事"的目的。"干得好可以加薪"中所指的"好"，是一个模糊的概念，没有具体的量化标准。求职者可以要求用人单位明确给出"好"的标准和"可以加薪"的具体条件，并写入劳动合同。如果月工资（底薪）低于当地最低工资标准，求职者可以要求用人单位依该标准支付工资，并依照《劳动合同法》第八十五条，请求劳动行政部门责令其限期支付差额。

5. 传销陷阱

传销是指组织通过发展"下线",以其直接或者间接发展的人员数量或者销售业绩为依据,计算和给付报酬,或者要求被发展人员缴纳一定的费用,取得加入资格,以此牟取非法利益。传销活动扰乱经济秩序,影响社会稳定。由于毕业生社会经验不足、容易受骗、求职心切、抵挡不住诱惑、接受能力强、对新生事物感兴趣的特点,传销组织将其锁定为重点发展对象。一旦进入传销组织,毕业生很容易被洗脑,也很难摆脱传销组织的控制,甚至会有人身危险。因此,毕业生在实习和求职过程中,要注意防范传销陷阱。

一旦落入传销陷阱,要保持冷静,寻找机会与公安机关、家人、朋友、同学和学校取得联系,及时摆脱传销组织的控制。

6. 合同陷阱

劳动合同是劳动者与用人单位之间确立劳动关系、明确双方权利和义务的协议。毕业生求职成功并入职后,都要与用人单位签订劳动合同。签订合同时,毕业生一定要认真阅读合同文本,对有疑问的地方要直接向用人单位负责人提出,直到彻底解释清楚,避免落入口头合同、霸王合同的陷阱。

《劳动合同法》第十条规定:"建立劳动关系,应当订立书面劳动合同。"劳动者和用人单位以口头形式订立劳动合同灵活、简便,但不便于履行和监管,特别是发生劳动争议时,劳动者往往因空口无凭而难以维权。采用书面形式订立劳动合同,严肃、慎重、明确,便于履行、监督、检查,一旦发生劳动争议,便于劳动者举证,也便于劳动行政部门处理。

7. 试用陷阱

试用陷阱是毕业生求职过程中常见的就业陷阱。试用陷阱通常有单方面延长试用期、试用期"永远"不合格等。毕业生在求职过程中要多留心,提防掉进个别用人单位的试用陷阱。毕业生要对自己所应聘的企业有所了解,如了解企业成立的时间、规模及用人制度。

对用人单位提供的岗位,一定要清楚自己获得的究竟是试用机会还是实习机会。对某些用人单位口头提出的"试用期",尤其要当心,切忌因求职心切而掉进试用陷阱,被廉价利用,以致错过找工作的最佳时机。

8. 岗位陷阱

有些用人单位在招聘广告上故意把某些职位(如业务员、保险代理员)写成市场总监、事业部经理等,以吸引求职者;有的用人单位还会以"到基层先锻炼"为幌子欺骗求职者。岗位陷阱使毕业生就职后往往大失所望,心理落差很大,对他们的职业生涯产生了严重的负面影响。

因此，毕业生在求职时，要弄清楚职位的具体信息，仔细询问工作细节，尽可能了解用人单位的经营项目，不要随便和用人单位签订劳动合同，不购买用人单位的任何有形或无形产品，明确拒绝用人单位的不合理要求。如果自己就职的岗位与招聘信息所列的工作内容、薪酬严重不符合，求职者可向当地劳动行政部门反映，维护自己的权益。

二、增强安全意识，提高防范能力

1. 根据自身情况合理择业，端正求职态度

中职毕业生在求职时应当端正态度，正确评估自己的能力，合理择业。有些中职毕业生好高骛远，不根据自己的实际情况选择合适的就业岗位，反而追逐超过自身能力的职位。也有部分中职毕业生过于自卑、缺乏自信，对就业怀有消极心理。一些不法分子利用他们的这些心理，设下各种就业陷阱，坑害涉世未深的中职毕业生。

2. 耐心进行就业准备，戒贪心、戒焦躁

应聘时，中职毕业生应认真考虑用人单位提出的条件，深入分析各方面因素，做出准确判断，确保顺利、优质就业。中职毕业生不要被"高薪"蒙蔽，不顾工作条件和工作内容，"一切向钱看"，结果被人利用。另外，也不要因一时找不到合适的工作而焦躁不安、自暴自弃，做出危害自身及他人的违法犯罪行为。

3. 加强法律知识的学习

中职毕业生在求职前乃至求职中，要主动学习与就业有关的政策、法律、法规，增强法治意识。在发现被骗后，中职毕业生应马上报警，或者求助于劳动行政部门，以及学校相关部门，利用法律武器维护自己的合法权益。

4. 不要缴纳任何费用

用人单位不得以担保或其他任何名义，收取求职者任何形式的报名费、培训费、押金等费用。用人单位以任何名义，向求职者收取抵押金、服装费、产品押金、风险金、报名费、培训费等都属于违法行为。中职毕业生应提高警惕，坚决拒绝缴纳各种费用。

5. 签订劳动合同须谨慎

与用人企业签订劳动合同时，中职毕业生要做到"三看"：一看企业是否经过工商部门登记及当前是否在企业注册的有效期限内，否则所签合同无效；二看劳动合同条款是否准确、清楚、完整，不能有不清楚、模棱两可的地方；三看劳动合同是否有一些必备内容，包括用人单位的名称、住所和法定代表人或者主要负责人，劳动者的姓名、住址和居民身份证或者其他有效身份证件号码，劳动合同期限，工作内容和工作地点，工作时间和休息休假，劳动报酬，社会保险，劳动保护、劳动条件和职业危害防护，法律

法规规定应当纳入劳动合同的其他事项。

若发现受骗，劳动者应立即向当地劳动行政部门报告，寻求法律保护。

6. 全面了解企业信息，防范虚假招聘

获得有效的、真实可信招聘信息是成功求职的第一步。中职毕业生应认真鉴别招聘信息及招聘公司的合法性，选择信誉佳的用人单位。对于那些知名度较低的公司，中职毕业生在应聘前应上网或打电话求证该公司信息的真实性。另外，中职毕业生也可以向同学或校友询问相关情况，以确保招聘信息真实可信。

7. 重视个人信息保护

很多中职毕业生在求职过程中，不注意保护个人信息，导致个人信息泄露，合法权益遭到侵害。中职毕业生不要将个人的所有联系方式都提供给用人单位，一般只提供个人手机号码和电子邮件即可，尽量不要留家庭电话和详细住址。在招聘网站上制作电子简历时，一定要慎重，不要填写过于翔实的个人信息；不要"天女散花"式地投递简历。

总之，在求职过程中，同学们应该提高警惕，增强防范意识，了解国家相关政策、法律、法规，掌握求职技巧，面对就业陷阱时，应沉着冷静，善于利用法律武器维护自己的合法权益，实现顺利就业。

小提示

"五三五"求职原则

1. 五不为
1）不缴纳不知用途的款项。
2）不购买自己不清楚的产品。
3）不将证件及信用卡交给公司保管。
4）不随便签署文件。
5）不为薪资待遇不合理的公司工作。

2. 三必问
1）问自己是要找一份工作还是找一项事业。
2）问明薪资、社会保险等劳动条件。
3）问明确实的工作性质（内勤还是外勤）及工作内容。

3. 五必看
1）看是否是合法经营的公司。
2）看是正常运作的公司还是皮包公司。
3）看是否有潜在的人身安全危险或暗藏的求职陷阱。
4）看面试时是否草率、轻易就录取。
5）看是否待遇优厚得不合乎常情。

课后检测

请扫描二维码进行在线同步测试。

在线同步测试 10

第九节　远离娱乐场所

娱乐场所一般是指以赢利为目的，并向公众开放，消费者自娱自乐的歌舞、游艺等场所，主要包括歌舞厅、KTV 等各类歌舞娱乐场所和以操作游戏、游艺设备进行娱乐的各类游艺娱乐场所。

未成年人由于受到年龄、社会经验等限制，身心发育还不健全，很容易受到不良行为的影响。为了保护未成年人免受不良影响，保障未成年人的身心得到健康发展，《中华人民共和国未成年人保护法》和《中华人民共和国预防未成年人犯罪法》明确规定，中小学校园周边不得设置营业性歌舞娱乐场所、互联网上网服务营业场所等不适宜未成年人活动的场所；同时，还要求在显著位置设置未成年人禁止入内的标志；对于难以判明是否已成年的，应当要求其出示身份证件。

案例 →→

斗殴死亡的郭某

2016 年 10 月，湖南某职业学院学生郭某受学长张某的邀请前往长沙游玩。当日傍晚，郭某一行五男一女在一家 KTV 内唱歌。其间，女子因用手机视频通话引起 KTV 包厢内其他人员不满。随后，争执双方约在 KTV 附近面谈，见面后很快由口角升级为互殴。打斗过程中，郭某颅骨开裂最终不治身亡，另有三人重伤。

（资料来源：佚名，2016. 湖南一高校 4 天内有 3 名学生意外身亡 [EB/OL]. (2016-10-19)[2020-01-22]. http://www.china.com.cn/top/2016-10/19/content_39518829_2.htm.）

相关知识 →→

随着我国经济的快速发展，人民的生活水平得到显著提升，各种各样的娱乐场所如雨后春笋般出现，既丰富了人们的业余生活，刺激了消费，也带来了一些不良的社会影响，引发了许多违法犯罪案件。中职生应增强自律意识，抵制不良诱惑，远离未成年人不宜进入的娱乐场所，避免受到意外伤害。

一、不宜进入的娱乐场所

依照有关法律法规的规定，不适宜未成年人进入的娱乐场所主要有以下几种。

1）营业性歌舞厅、酒吧、夜总会、通宵电影院。

2）带有赌博性质的娱乐室、游戏场。

3）营业性台球房。

4）网吧等互联网上网服务营业场所。

5）审定为"少儿不宜"的影片、录像、录音等播放场所。

6）其他不适宜未成年人进入的场所。

二、不宜进入营业性娱乐场所的原因

1. 影响中职生的学习和身心健康

中职生在夜间或者长时间滞留在营业性娱乐场所，会扰乱生物钟，导致过度疲劳，影响学习状态。另外，网吧等娱乐场所空气混浊，人群密度大，充斥着异味和噪声，严重影响了中职生的身体健康。

2. 中职生极易受到不良影响

在一些娱乐场所内，各种人员混杂，这对入世不深、社会经验不足、自制力薄弱的中职生来说，极易受到有害思想的诱惑，从而使心灵遭受毒害、理想严重扭曲，甚至为满足自己的物质欲望和感官刺激而坠入犯罪的深渊。

3. 恶性刑事案件频发，中职生易受侵害

一些不法分子利用娱乐场所进行违法犯罪活动，导致恶性刑事案件频发，也使娱乐场所成为多事之地。中职生若经常出入娱乐场所，就很容易受到侵害。

4. 设备老化，易引发安全事故

一些娱乐场所受经济利益驱动，不注意维修或更换已经老化的电气设备，极易引发火灾等安全事故。

5. 易造成公共卫生安全事件

营业场所内人群密集，空气污浊，卫生间内的坐便式马桶、空调排风口、键盘和鼠标、话筒、扶梯把手等若未经严格消毒，极易引发呼吸系统、消化系统传染病，威胁中职生的身体健康。

营业场所免费或有偿提供的自助餐、饮料等，卫生状况堪忧，加之餐具消毒不彻底等，极易造成重大食物中毒事件。

三、增强自律意识，开展健康、科学的娱乐休闲活动

娱乐场所由于服务特殊性、经营开放性和人员混杂性，具有很大的安全隐患，也极易发生各类违法犯罪事件。因此，中职生应该增强自律意识，不进入未成年人不宜进入的娱乐场所，在周末、节假日时可以参加各种有益于身心健康的娱乐休闲活动，丰富自己的业余生活。

1）博物馆、纪念馆、科技馆、展览馆、美术馆、文化馆、影剧院、体育场馆、公园等场所，通常会开展丰富多彩的文化艺术活动，如讲座、画展、文物展、歌舞比赛等。中职生可以利用周末、节假日等空闲时间积极参与，增长知识，放松心情。

2）积极参加学校组织的各种文体活动，增长知识，开阔眼界。

3）在家体验各种劳动，提高劳动技能，认识社会。

4）多阅读有益的书籍，参加学术讲座，努力提升自己的文化、科学素养。

课后检测

请扫描二维码进行在线同步测试。 在线同步测试 11

第三章　应对自然伤害

自然灾害是指造成人员伤亡、财产损失、社会失稳、资源破坏等的各种自然现象。自然灾害形成的过程有长有短、有缓有急。当致灾因素的变化超过一定强度时，就会在几天、几小时甚至几分钟、几秒内引发灾害，如火山爆发、地震、洪水、飓风、风暴潮、冰雹、雪灾、暴雨等。

第一节　应对地震

地震是地壳快速释放能量过程中造成的震动，其间会产生地震波。它常常造成重大的财产损失和人员伤亡。大地震动是地震最直观的表现。在海底或滨海地区发生的强烈地震，能引起巨大的波浪，称为海啸。在内陆地区发生的强烈地震，会引发滑坡、崩塌、地裂缝等次生灾害。地震造成的房屋损坏如图 3-1 所示。

图 3-1　地震造成的房屋损坏

案例 →→

汶川地震

"5·12"汶川地震是发生于北京时间 2008 年 5 月 12 日 14 时 28 分 04 秒的 8.0 级地震，震中位于四川省汶川县映秀镇与漩口镇交界处。截至 2008 年 9 月 25 日 12

时,"5·12"汶川地震共造成 68 712 人死亡、17 923 人失踪;地震影响范围包括震中 50 千米范围内的县城和 200 千米范围内的大中城市。此次地震是中华人民共和国成立以来破坏力最大的一次地震。

经国务院批准,自 2009 年起,每年 5 月 12 日为全国防灾减灾日。

(资料来源:佚名,2017.5·12 地震九年后的汶川大地[EB/OL]. (2017-04-10)[2019-03-22].
https://www.toutiao.com/i6407275947665392129/.)

相关知识 →→→

地震是一种破坏性极大的自然灾害,但就目前的科技水平,我们还无法准确预测地震发生的时间和地点。因此,掌握正确的逃生自救知识十分必要,地震发生时,这些常识可以有效降低地震带来的伤害。

一、地震先兆

1. 地下水异常

地下水发浑、冒泡、翻花、升温、变色、变味、突升、突降、泉源突然枯竭或涌出等。

2. 动物异常

地震前,动物会出现异常的反应,如鸡、鸭、猪、羊乱跑乱叫,老鼠外逃,鱼儿在水面乱跳。

二、逃生自救方法

地震会造成房屋倒塌、大堤决口、大地陷裂等,给人民的生命和财产造成严重损失。为了在地震发生时保护自己,中职生应当掌握以下逃生自救方法。

1. 在平房里逃生自救的方法

地震发生时,要迅速钻到床下、桌下,同时用被褥、枕头、脸盆等护住头部,等地震间隙再尽快离开房屋,转移到安全的地方。如果房屋即将倒塌,应躲在床下或桌下,等到地震停止后再自救脱险或等待救援。

2. 在楼房里逃生自救的方法

地震发生时,不要试图跑到楼外,最安全、最有效的避险办法是及时躲到两面承重墙之间面积最小的房间,如厕所、厨房等,也可以躲在桌、柜等家具下面及房间内侧的墙角,并且注意保护好头部。另外,千万不要去阳台和窗下躲避。

3．上课时发生地震的逃生自救方法

上课时发生地震，不要惊慌失措，更不能在教室内乱跑或争抢跑出教室。靠近门的学生可以迅速跑到门外，中间及后排的学生可以尽快躲到课桌下，用书包护住头部；靠墙的学生要紧靠墙根，双手护住头部。

4．在公共场所逃生自救的方法

在商场、图书馆等公共场所发生地震时，不能惊慌乱跑，可以随机应变，躲到比较安全的地方，如桌、柜下。

5．在街道上逃生自救的方法

在街道上行走时发生地震，绝对不能跑进建筑物内避险，也不要在高楼、广告牌下、狭窄的胡同、桥头等危险的地方停留。

三、震后救助

1．自救

地震时如被埋压在废墟下，首先要保持呼吸畅通，挪开头部、胸部的杂物，闻到煤气等有毒有害气体时，用湿衣服等物品捂住口、鼻；避开身体上方不结实的倒塌物和其他容易掉落的物体；扩大和稳定生存空间，用砖块、木棍等支撑残垣断壁，以防余震发生后，环境进一步恶化。

如果找不到脱离险境的通道，则应尽量保存体力，用石块敲击能发出声响的物体，向外发出呼救信号，不要哭喊、急躁和盲目行动，因为这样会大量消耗体力。此时应尽可能控制自己的情绪或闭目休息，等待救援人员到来。如果受伤，要想办法包扎处理，避免失血过多。

如果被埋在废墟下的时间比较长，救援人员未到，就要想办法维持自己的生命，尽量寻找食品和饮用水。必要时，自己的尿液也能起到补充水分的作用。

2．互救

有关资料显示，地震后20分钟获救的救活率超过98%，地震后1小时获救的救活率下降到63%，地震后2小时还无法获救的人员中，窒息死亡人数占死亡人数的58%。

地震发生后，应积极参与救援工作。救助方法主要如下：

1）将耳朵靠墙，听听是否有幸存者呼救的声音及发出的求救信号。

2）如发现幸存者，应先暴露其头部，保证其呼吸畅通；如因窒息停止呼吸，应立即对其进行人工呼吸。

3）要设法避开被埋压人员身体上方不稳固的倒塌物，并设法用砖石、木棍等支撑残垣断壁。

4）地震是瞬间发生的，任何人应先保护好自己，再展开救援工作，做到先救易后救难，先救近后救远。

四、注意事项

1）姿势正确，伏而待定。地震发生时，人应蹲下或坐下，尽量蜷曲身体，降低身体重心；抓住桌腿等牢固的物体，保护头、颈、眼睛，掩住口、鼻。

2）如果已经离开房间，千万不要在震后立即回去取东西。因为第一次地震后，通常还会发生余震，余震对人的威胁会更大。

3）甄别谣言。在我国，地震预报信息的发布权在省级以上人民政府，任何其他单位或个人都无权发布地震消息。对待谣言，要做到不相信、不传播，及时向有关部门报告。

小提示

地震紧急备用品

地震紧急备用品包括耐磨背包、防寒保温毯子或应急雨衣、求生口哨、防风防水火柴、特制蜡烛、防尘口罩、耐磨手套、小型兵工铲、多功能应急手电、压缩饼干、应急水、紧急联系卡、急救包等生活及自救必需品。

课后检测

请扫描二维码进行在线同步测试。

在线同步测试12

第二节　应对雷雨等气象灾害

气象灾害是自然灾害之一，主要包括如我国沿海地区出现的台风、热带风暴，南方地区的干旱、高温、山洪、雷暴，北方地区的沙尘暴等。我国是世界上气象灾害发生十分频繁、种类甚多、造成损失十分严重的国家之一。

案例 →→→

四川宜宾暴雨

2018年5月21日晚至5月22日，四川省宜宾市遭遇2018年首场区域性暴雨天气，雨情最严重的宜宾市长宁县最大降雨量达207.9毫米。22日下午，宜宾市应急办发布的最新情况显示，截至22日12时，大雨造成全市直接经济损失3 483.45万元，受灾人口逾 12 万, 所幸无人员伤亡。暴雨致山体垮塌如图 3-2 所示。

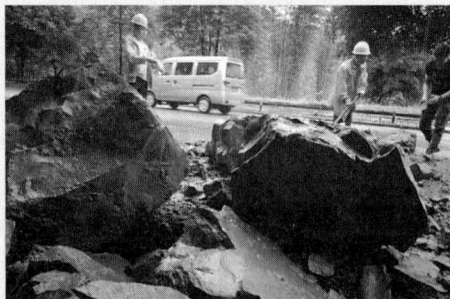

图 3-2　暴雨致山体垮塌

（资料来源：佚名, 2018. 四川宜宾暴雨已致当地逾 12 万人受灾　暂无人员伤亡. [EB/OL]. (2018-05-22)[2019-03-22]. http://bj.people.com.cn/n2/2018/0522/c233086-31612701.html.）

相关知识 →→

一、认识气象灾害预警信号

气象灾害预警信号由名称、图标、标准和防御指南组成, 分为台风、暴雨、暴雪、寒潮、大风、沙尘暴、高温、干旱、雷电、冰雹、霜冻、大雾、霾、道路结冰等。依据气象灾害的危害程度、紧急程度和发展态势一般划分为四级, 即 IV 级（一般）、III 级（较重）、II 级（严重）、I 级（特别严重）, 依次用蓝色、黄色、橙色和红色表示, 同时以中英文标识。

二、应对暴雨

1. 暴雨

24 小时内降水量 50 毫米或以上的强降雨称为暴雨。特大暴雨是一种灾害性天气, 往往造成洪涝灾害和严重的水土流失。特别是对于一些地势低洼、地形闭塞的地区, 雨水不能迅速宣泄, 会造成严重的地质灾害。

2. 暴雨防范措施

1）处于危旧房屋或地势低洼地方的人员, 应及时转移。
2）检查电路、炉火等设施是否安全, 关闭电源总开关。
3）提前收取露天晾晒的物品, 将家中贵重物品放到高处。
4）户外人员应立即到地势高的地方暂避。
5）提防危旧房屋倒塌伤人。

三、应对内涝

1. 内涝

内涝是指强降水或连续性降水超过城市排水能力、致使城市内产生积水灾害的现象。

2. 内涝防范措施

1）预防居民住房发生小内涝，可因地制宜，在家门口设置挡水板、堆置沙袋或堆砌土坎。

2）处于危旧房屋或地势低洼地方的人员应及时转移到安全地方。

3）立即停止户外活动。

4）在积水中行走时，要注意观察，防止跌入窨井、地坑等。

四、预防雷电

雷电是伴有闪电和雷鸣的一种令人生畏的放电现象。雷电灾害在我国很常见，那么我们应该如何预防雷电灾害呢？

预防雷电灾害的方法如下。

1）注意关闭门窗，室内人员应远离门窗、水管、煤气管等金属物体。

2）关闭家用电器，拔掉电源插头，防止雷电从电源线入侵。

3）在室外时，要及时躲避，不要在空旷的野外停留。在空旷的野外无处躲避时，应尽量寻找低洼之处（如土坑）藏身，或者立即下蹲，降低身体高度。

4）远离孤立的大树、高塔、电线杆、广告牌。

5）立即停止室外游泳、划船等水上活动。

6）如多人共处室外，相互之间不要挤靠，以防被雷电击中后电流互相传导。

7）太阳能热水器用户切忌在雷雨天洗澡。

五、躲避洪水灾害

洪灾是指一个流域内因集中下大暴雨或长时间降雨，汇入河道的径流量超过其泄洪能力而漫溢到两岸或造成堤坝决口导致泛滥的灾害。

发生洪水灾害时应采取以下方法避灾。

1）洪水来临时，要迅速到附近的山坡、高地、屋顶、楼房高层、大树上等较高的地方暂避。

2）要设法尽快发出求救信号和信息，报告自己的方位和险情，积极寻求救援。

3）落水时要寻找并抓住漂浮物，如门板、桌椅、木床、大块的泡沫塑料等。

4）汽车进入水淹地区时，要注意观察水位，要迎着洪水驶向高地，不能让洪水从侧面冲击车体。

5）不要惊慌失措、大喊大叫；不要接近或攀爬电线杆、高压线铁塔；不要爬到草坯房房顶上。

六、躲避泥石流

泥石流常常具有暴发突然、来势凶猛的特点，并兼有崩塌、滑坡和洪水破坏等多重破坏能力，其危害程度比单一的崩塌、滑坡和洪水破坏更为严重。

发生泥石流时应采取的避灾措施如下。

1）发现有泥石流迹象，应立即观察地形，跑向沟谷两侧山坡或高地。

2）逃生时，要抛弃一切影响奔跑速度的物品。

3）不要躲在有滚石和大量堆积物的陡峭山坡下面。

4）不要停留在低洼的地方，也不要攀爬到树上躲避。

小提示

泥石流发生前的迹象

1）河流突然断流或水势突然加大，并夹有较多柴草、树枝。

2）深谷或沟内传来类似火车轰鸣或闷雷般的声音。

3）沟谷深处突然变得昏暗，并有轻微震动感等。

课后检测

请扫描二维码进行在线同步测试。

在线同步测试13

第三节　应对高温天气

中暑是指长时间暴露在高温环境中或在炎热环境中进行体力活动引起机体体温调节功能紊乱所致的一组临床症候群，以高热、皮肤干燥及中枢神经系统功能紊乱为主要表现。

人是恒温动物，正常体温一般为37℃左右，要维持体温，人的身体就必须源源不断地产生热量。人体基础代谢、体力劳动及运动，均靠糖、蛋白质及脂肪等能源物质分解代谢供能发热，热量借助皮肤血管扩张、血流加速、排汗、呼吸、排泄等功能，通过辐射、传导、对流、蒸发方式散发。人在气温高、湿度大的环境中，尤其是体弱或从事重体力劳动时，若因散热障碍导致热蓄积，则容易发生中暑。

案例 →→

云南西双版纳学校停课调课 应对40℃以上高温天气

2019年5月，云南省西双版纳州部分地区将出现40℃及以上的高温天气，为应对高温天气，西双版纳州教育体育局于20日发布了关于"各级各类学校高温天气停课、调课的紧急通知"。

通知要求从5月20日起，当气温超过35℃，各级各类学校一律停止体育课、大课间活动，不得安排学生参加包括公益活动在内的大型室外活动。各学校要启动高温天气灾害的应急处理预案和抗旱减灾的应急预案，做好各项防暑降温措施，保证上课期间的正常教学秩序。

〔资料来源：佚名，2019. 云南西双版纳学校停课调课 应对40℃以上高温天气[EB/OL]. (2019-05-21)[2020-01-22]. http://www.chinanews.com/sh/2019/05-21/8843016.shtml.〕

相关知识 →→

通常气温过高、体质虚弱、不耐热、劳动强度过大、过度疲劳等原因都易诱发人中暑。因此，当环境温度过高、湿度过大时，一定要重视防暑降温，及时补充含盐分的饮料，预防中暑。

一、高温预警信号

高温预警信号分3级，分别以黄色、橙色、红色表示。
1）高温黄色预警：连续3天日最高气温将在35℃以上。
2）高温橙色预警：24小时内最高气温将升至37℃以上。
3）高温红色预警：24小时内最高气温将升至40℃以上。

二、中暑症状

1. 先兆中暑

人在高温环境下活动一段时间后，出现乏力、大量出汗、口渴、头痛、头晕、眼花、耳鸣、恶心、胸闷等，为先兆中暑症状。

2. 轻症中暑

除先兆中暑症状外，人还会出现面色潮红、皮肤灼热、体温升高至38℃以上，也可伴有恶心、呕吐、面色苍白、脉率增快、血压下降、皮肤湿冷等早期周围循环衰竭表现。

3. 重症中暑

重症中暑时，人会有热痉挛、腹痛、高热昏厥、昏迷、虚脱或休克表现。

三、预防中暑的措施

预防中暑可采取如下措施。

1）加强体育锻炼，增强个人体质。

2）合理安排劳动和休息时间。

3）穿着质地轻薄、宽松和浅色的衣物。

4）适当补充水分、盐分和矿物质。注意：不要贪图一时凉爽而饮用冰冻饮料，以免造成胃部痉挛；含酒精饮料和高糖分饮料会使人体失去更多水分，在高温时不宜饮用。

5）尽量在室内活动。如果到室外，注意不要在阳光下疾走，也不要到人群聚集的地方。从外面回到室内后，切勿立即吹空调。

6）夏季外出时应携带风油精、十滴水等药物。

小 提 示

预防中暑的用品
预防中暑的用品包括运动型饮料、绿豆汤、风油精、宽檐帽等。

四、中暑后的治疗与护理

中暑后治疗与护理可采取如下措施。

1）先兆中暑与轻症中暑：及时脱离高温环境至阴凉处，在通风处静卧，观察体温、脉搏、呼吸、血压变化；服用防暑降温剂，如十滴水、藿香正气口服液等；补充清凉饮料，如淡盐水、西瓜水、绿豆汤等。

2）重症中暑：应及时送医院就医。

课 后 检 测

请扫描二维码进行在线同步测试。

在线同步测试 14

第四章 预防人为伤害

第一节 防 范 诈 骗

诈骗，是指以非法占有为目的，用虚构事实或者隐瞒真相的方法，骗取款额较大公私财物的行为。这种行为一般不使用暴力，而是在一派平静甚至"愉快"的气氛中进行的，受害人一般防范意识较差，较易上当。

近年来，不法分子的诈骗手段可谓花样百出，作案手段不断翻新，如通过网络、电话、短信等多种形式行骗。中职生主要生活在校园中，思想单纯，社会经验匮乏，防骗意识淡薄，容易上当。因此，中职生不仅要学好专业知识，还要掌握更多的社会知识，增强自身的防骗意识，以确保人身及财产的安全。

案例 →→→

私人假借新疆昌吉学院名义办中专 73 名学生被骗

一个自称是"新疆昌吉学院成人教育学院中专部"的学校，向新疆偏远地区学生散发广告招生。当 73 名学生怀着梦想来到该校就读，上了几个月后，却突然听说学校是假的，学生和家长们一时间手足无措。

2008 年 6 月底，一个自称是"昌吉学院成人教育学院中专部"的工作人员来到某中学散发了该校的招生简章。并承诺在上中专的同时，学生可以利用寒暑假时间直接就读成人学院的大专函授班。该工作人员称，以昌吉学院的名气，学生们毕业后就业无忧。

8 月初，同样被招生简章吸引的梁华和几名同学一起来到这所学校，却发现广告与现实有很大出入，专业也不像宣传单上介绍的有十几种，整个学校只有两个班。而所谓的教学楼也不过是租赁的昌吉市某村的村委办公楼。

（资料来源：刘冰, 2009. 私人假借新疆昌吉学院名义办中专 73 名学生被骗[EB/OL]. (2009-02-03)[2020-01-21] http://www.chinanews.com/edu/mxzj/news/2009/02-03/1546855.shtml.）

相关知识 →→→

一、诈骗的主要形式

目前常见的诈骗行为主要有以下 7 种形式。

1. 冒充公检法机关工作人员进行诈骗

不法分子使用任意显号网络电话，冒充邮政、工商、电信、银行及公检法等单位工作人员拨打固定电话、手机，显示国家机关的总机号码，以受害人邮寄包裹涉毒、电话欠费、银行卡异常消费、被他人盗用身份注册公司涉嫌犯罪等理由，威胁恫吓受害人，要求受害人将资金汇转到指定账户。

2. 冒充熟人进行电信诈骗

不法分子通过技术手段盗取受害人手机号码、QQ 号、微信号等个人账号，然后登录该账号，以朋友等身份与受害人聊天，并以应急为借口向好友借钱诈骗。

3. 利用虚假二维码进行诈骗

不法分子向网店商户、消费者等网络用户推送二维码图案（实际为木马等病毒链接），伪装成打折信息、促销广告、热门游戏或者系统升级软件，诱导用户扫描。在联网状态下，用户扫描后手机就会中毒，手机里存储的通信录、银行卡账号等隐私信息会被窃取，不法分子便利用网银将该用户账户里的钱转入自己账户中。

4. 虚构中奖诈骗

不法分子通过向 QQ、微信、电子邮箱、网络游戏、淘宝等用户发送中奖信息，诱骗用户访问其开设的虚假中奖网站，再以支付个人所得税、保证金等名义骗取网民钱财。

5. 开设虚假网站诈骗

不法分子通过开设与真实网站网址极为相似的虚假网上银行、网络交易平台、手机话费充值网址等，利用网上支付平台行骗。

6. 借假中介进行诈骗

不法分子往往在学校周边设立职业介绍中心，将求职的学生介绍到该中心并假意录用，要求学生缴纳建档费、工作卡工本费、保证金、押金等，之后以工作不符合要求为由拒付工资或以保证金抵销罚款等。

7. 网络购物诈骗

一些不法分子在淘宝等知名购物网站上，向不特定群体散布虚假商品信息，诱惑贪图便宜的消费者上当。例如，自称网店老板招聘兼职刷信誉返现、自称淘宝客服主动联系退款、在网站发帖低价出售商品并要求先汇款，这是当前网购中常见的 3 种网络购物诈骗形式。

此外，随着互联网平台的不断发展，诈骗形式也在不断变化。因此，中职生需要在日常生活中增强防骗意识，涉及钱财时要谨慎，不贪图小便宜，以免遭受人身和财产损失。

二、预防诈骗的策略

1. 自我保护，要增强反诈骗意识

俗话说："害人之心不可有，防人之心不可无。""防人"关键是要有防范意识，对于任何人，尤其是陌生人，不可随意轻信和盲目随从，遇人遇事应保持清醒，深入思考，理性行事。要积极参加学校组织的安全教育活动，多掌握一些防范诈骗的知识。

2. 谨慎交友，避免以感情代替理智

交友要谨慎，感情交流要理智，单凭感情用事，一味"跟着感觉走"，往往容易上当。那些表面上讲"感情""哥们义气"的新认识的朋友，若提出钱财方面的要求，切不可被表象蒙蔽，要听其言、观其色、辨其行。当认为对方的钱财要求不合实际或超乎常理时，应及时向家长或老师反映，以避免不应有的损失。

3. 戒除贪婪，勿贪横财

中职生不要听信陌生人的花言巧语，贪图优惠和方便。不法分子极有可能利用伪劣产品或以数量短缺等方式进行诈骗，因此不要轻易购买上门推销的如化妆品、洗发水、运动鞋等物品；要防范银行卡诈骗、网络诈骗、电信诈骗，不要相信未经核实的退学费、中奖、捐助等信息、电话；对飞来横财，要三思而后行。

4. 信息保密，勿泄露个人和家人信息

中职生不要随意告知陌生人自己的个人情况、手机号码及家中的电话号码等，手机通信录中父母、兄弟、姐妹及其他亲戚的电话最好用真名显示，不要出现容易透露双方关系的字眼。不要把自己的个人信息和家庭联系方式轻易示人，不要将自己的手机、身份证、学生证、校园卡、银行卡等重要物品借给他人使用或交给他人保管。不要填写各种来历不明的表格，不要随意扫描二维码，以防个人信息泄露，给不法分子实施诈骗等违法活动以可乘之机。

5. 提高警惕，勿信不明证件物

一些不法分子为了博取信任，会提供伪造的证件（如学生证、身份证），所以一定要仔细辨别真伪，以防上当。

6. 及时沟通，勿让骗子钻空子

到学校或实训实习场所之外的地点赴约、面试、就餐时，要保持通信畅通，牢记紧急求助电话。与家长约定好汇款条件、方式，让家长不要草率寄钱。凡是涉及钱财往来，

或要求在规定时间到指定地点的，必须三思而后行，应该与家长或老师确认后再决定是否去做。

7. 消息通畅，勿使联络有盲区

中职生要经常把自己在学校的情况告诉家长，使家长一旦遇到紧急情况就能够迅速辨别真伪。不要单独与陌生人外出，即使有事与同学、朋友外出，也一定要向老师、家长或同学告知去向。

8. 服从管理，自觉遵守校纪校规

校园管理制度是为控制社会闲杂人员混入校园，以维护学生权益和校园秩序而制定的。因此，中职生一定要认真执行有关规定，自觉遵守校纪校规，积极支持学校有关部门履行管理职能。

小提示

防诈骗顺口溜

诈骗形式花样多，声音温柔又甜蜜；
如果你不细分析，陷阱处处等着你；
短信电话最常见，前因后果查真迹；
飞来大奖君莫笑，反复套钱洞无底；
看病消灾讲迷信，钱财被骗空欢喜；
丢包分钱是陷阱，贪图便宜被人欺；
私换外币要留意，多是骗子在演戏；
各种退款有猫腻，骗取钱款是目的；
视频聊天借你钱，对方身份看仔细；
兜售抵押都是假，别听骗子耍诡计；
网络购物多核准，不可盲目把钱寄；
有人向你借手机，始终留心别远离；
家庭情况要保密，个人信息加密级；
天上不会掉馅饼，凡事皆由贪念起；
警察提醒多注意，真心话儿记心里！

课后检测

请扫描二维码进行在线同步测试。

在线同步测试 15

第二节　防范盗窃

盗窃，是指以非法占有为目的，采用规避他人管控的方式，转移而侵占他人财物管控权的行为。盗窃公私财物较大或者多次盗窃、入户盗窃、携带凶器盗窃、扒窃公私财物的，构成盗窃罪。校园盗窃案频发，已经成为破坏学生学习生活环境的重要因素。

在校中职生要提高防范意识，做好防盗工作。只有人人参与，群防群治，才能真正有效控制和防范盗窃案件的发生。事实上，发生在在校中职生周围的盗窃案件大部分是由于在校学生防范意识淡薄，不注意对个人财物进行保管，从而给不法分子以可乘之机。

案例 →→→

未锁寝室门失窃事件

2011 年 8 月 24 日，宁波某高校的学生小施、小韩报案称：8 月 23 日 20 时左右，两人去对面的寝室串门，没有将寝室上锁，回来时发现两人放在寝室内的 1400 多元现金和一台笔记本电脑、一个智能手机被盗，初步估计直接经济损失近万元。

（资料来源：范斌华，2011. 学生出去没锁寝室门 手机、笔记本电脑被盗[EB/OL]. (2011-09-05)[2019-03-22]. http://news.cnnb.com.cn/system/2011/09/05/007064383.shtml.）

相关知识 →→→

在日常生活中，中职生应从以下几个方面加强安全意识，提高防盗能力。

一、宿舍防盗

1）养成人走必锁门的习惯，最后离开宿舍的学生，应关好窗户锁好门。睡前务必锁好门，不给不法分子留下可乘之机。

2）保管好自己的宿舍钥匙，以防被人偷走；不要将宿舍钥匙交给外来人员；如果钥匙不小心丢失，应该向宿舍管理人员反映并及时更换门锁。

3）平时身上只备少量零花钱，大笔现金应及时存入银行，不要放在身上或宿舍内。

4）手机等贵重物品不要放在窗台、桌面等明显位置。将贵重物品远离窗口，防止被人"钓走"。

5）发现形迹可疑的人应该多留心。不法分子往往会找各种借口，如推销商品等混入宿舍行窃。若他们发现宿舍管理松懈，能够自由出入，便会伺机行动。遇到陌生人时，要注意盘问，并及时向学校保卫部门或宿舍管理人员反映。

6）不留宿外来人员，有的学生违反学校宿舍管理规定，擅自留宿校外人员。这种行为一定要杜绝。

7）在节假日离校的时候不要将贵重物品留在宿舍，应随身携带，或者放在加锁的柜子中。

8）发现宿舍被盗，应立即向学校保卫部门报告或向派出所报警，并且保护好现场，为公安人员勘查现场获取证据创造有利条件。

二、车辆防盗

1）提升法治观念，不贪便宜购买赃车。购买赃车不仅触犯法律，查获后还会造成经济损失。

2）购买并安装正规厂家生产的高质量防盗车锁，最好同时使用两种不同类型的车锁。

3）在学校等公共场所尽量将车辆停在指定停放处，并上锁。可将车辆锁在不能移动的物体上，养成随停随锁的习惯，如图4-1所示。

4）车辆一旦丢失，应立即向公安机关报案，并提供相关情况，以便公安机关及时破案。

图 4-1　自行车停放应及时上锁

三、外出防盗

1）尽量不要在公共场所翻弄钱包，以免引起小偷注意，伺机作案。

2）随身携带财物应尽量放在不易被他人看见和摸到的位置，不要将背包和手袋背在背后，不要将财物放在衣服口袋和裤兜里。

3）不要饮用陌生人递给的饮料。

4）在外就餐时，要将随身携带的提包、手机等物品放在视线范围之内并妥善保管。

5）在公共场所，不要只顾看热闹而疏忽保管自己的财物。

6）避开紧贴在身边的陌生人，如果在街上不小心与人碰撞，要及时查看财物是否丢失。

7）乘坐公交车时，防止被窃的技巧如下。

① 上车时不要将背包放在身后，手机最好拿在手中。

② 车厢拥挤时，尽量不要敞开外套。

③ 女生不要将钱包、现金、手机等放在透明或较薄的包内。

④ 不要挤在车门口，注意碰撞自己及紧贴在自己身边的陌生人。

⑤ 坐在双人座上时，要注意同座位或后面人的"第三只手"。

⑥ 对于手持报纸、杂志等物品的人要多加留意，防止其在这些物品的遮掩下进行盗窃。

⑦ 在车厢内最好一只手扶横杆，另一只手注意保护好随身携带的提包或背包。

四、旅途防盗

1）车站是人流非常密集的地方，也是容易丢失财物的地方。一些小偷会在车站进站口、自动扶梯及验票口等处伺机扒窃。大家一定要保持警惕，保护好个人财物。随时需要用的小额现金放在取用方便的外衣口袋里，大额现金应提前存入银行。

2）应将证件分开存放，尤其是身份证与银行卡。

3）不要总是玩手机或平板电脑，多留意身边的人。

4）行李不要离开自己的视线，贵重物品要随身携带。

5）防人之心不可无。旅途中不要随意向陌生人透露自己的行程，不要将自己的任何物品交给陌生人看管，更不要吃喝陌生人赠送的饮料或食物。旅途中不要与新结识的伙伴谈论与钱有关的事情。

小提示

防盗顺口溜

人多不点钱，首饰放里面。挤时护手机，背包放胸前。
商场忙购物，警惕有贼眼。乘车莫大意，扒手在身边。
长途去旅游，行李莫离手。见贼莫心慌，小偷也慌张。
妇女和老人，防盗是重点。被盗莫发蔫，热线记心间。

课后检测

请扫描二维码进行在线同步测试。

在线同步测试16

第三节　防　范　抢　劫

抢劫，是指行为人对公私财物的所有人、保管人、看护人或者持有人当场使用暴力、胁迫或者其他方法，迫使其立即交出财物或者立即将财物抢走的行为，是一种多发的犯罪行为。抢劫具有较大的社会危害性，往往会转化为凶杀、伤害、强奸等恶性案件，严重侵犯被抢劫人的人身及财产权利，威胁被抢劫人的生命安全。

中职生普遍尚未成年，体力有限，加之有时会携带大量钱物，因而成为一些不法分子的目标。中职生要想确保人身、财产安全，就必须增强防范意识。

案例 →→

抢劫他人财物的王某

17 岁的某校学生王某殴打 19 岁被害人张某，并劫取黑色挎包 1 个，内有人民币 75 元，被害人身份证 1 张及银行卡 1 张，并致被害人张某轻微伤。王某于当日被抓获，款、物均已被起获并发还张某。后其法定代理人赔偿被害人张某医疗费等共计人民币 20 000 元，双方达成和解协议。

相关知识 →→

一、学生遭抢劫的特点

1. 地点

抢劫案件多发生在校园及其周边学生经常经过或活动的地带，如偏僻黑暗的小道、树林、小山等。

2. 时间

一是午休或夜深人少时；二是学生上晚自习或上课，人员相对集中在教室而校园及其周边人员较少时；三是严冬夜长昼短、天气寒冷，室外活动人员较少时；四是新生入学报到的一段时间内等。

3. 对象

一是携物单独返校的学生；二是单独晚归的学生；三是独自游离的学生；四是平时爱面子、讲究穿戴吃喝的学生；五是性格比较孤僻、懦弱胆小的学生。

4. 伤害

虽然不法分子开始的动机是抢劫财物，但是在实施抢劫的过程中往往转化为人身伤害。

5. 作案人员

除了个别作案人员是流窜犯外，多数是学校周边的暂住人员、无业人员或有劣迹的人员。

二、预防抢劫的方法

预防抢劫的方法有以下几种。

1）外出时不要携带过多的现金和贵重物品，特别是经过抢劫易发地段时，如果必须携带大量现金或较多的贵重物品，应请多名同学随行。不要在公共场所显露自己的钱物，不外露或向人炫耀贵重物品，应将现金、贵重物品藏于隐秘处。

2）尽量不要在午休时间、夜晚单独外出，特别是女同学。如必须通过僻静阴暗处，最好结伴而行。尽量避免深夜滞留在外晚归或不归。夜晚进入楼道时，应先注意后面是否有可疑人员尾随，如发现可疑人员，应及时与家人或同学联系接应。

3）夜晚单独外出，若发现有人尾随或窥视，不要紧张，以免露出胆怯神态，可以大叫同学的名字，并改变原定路线，立即向有人、有灯光的地方走去。

4）不要随便和陌生人谈论自己和家庭情况；不要和不熟悉的人到偏僻的地方去。

5）家里的钥匙、证件等不要放在书包里；独自在家时应警惕以各种身份来访的陌生人。

6）现金或贵重物品最好贴身携带，不要置于手提包或挎包内。走路时留心手机和钱包等，预防可疑人员伺机抢夺。

三、应对抢劫的策略

万一遭遇抢劫，最重要的是要保持镇定，克服畏惧、恐慌心理；冷静分析自己所处的环境，对比双方的力量，针对当时的具体情况，灵活地采取对策。总的原则：一是保证人身不受伤害的前提下，设法保住财物，同时制服歹徒；二是舍弃财物，避免受到人身伤害；三是财物及人身均受到伤害时，要设法保护证据，为以后破案创造条件。

1. 正当防卫

遭遇抢劫时，我们要在保证自身安全的情况下，分析犯罪分子和自己的力量对比，只要具备反抗的能力或时机有利，就应主动出击，以制伏犯罪分子或使犯罪分子丧失继续作案的能力。

2. 尽可能与犯罪分子周旋

可利用有利地形和砖头、木棒等足以自卫的工具与犯罪分子形成对峙局面，使犯罪分子短时间内无法近身，争取援助时间。

3. 伺机逃跑

如果无法与犯罪分子抗衡，我们可以看准时机向有人、有灯光的地方奔跑，并大声呼救。

4. 巧妙麻痹犯罪分子

若处于犯罪分子的控制之下而无法反抗，可按犯罪分子的要求交出财物，但切不可一味求饶，应当尽力保持镇定，采取幽默方式表明自己已交出全部财物并无反抗的意图，使犯罪分子放松警惕，待时机成熟，迅速脱离其控制，并报警。

5. 采用间接反抗法

趁犯罪分子不注意时在其身上留下记号，如在其衣服上擦点泥土、血迹，在其口袋中留下装有标记的小物件，在犯罪分子得逞逃走后观察其逃跑方向与路线，并报告公安机关。

6. 注意观察

如果对方身强体壮且手持凶器，贸然对抗于己不利时，则要注意观察犯罪分子，准确记下其体貌特征，如年龄、身高、体态、发型、衣着、容貌、口音等特征，为公安机关破案提供有力线索。

7. 及时报案

如遇抢劫，要在最短时间内向学校保卫部门、公安机关报案，说明发案时间、地点，犯罪分子的体貌特征，以及财物损失情况等。

小提示

防抢顺口溜

防范"两抢"要注意，财产一定要保密；
银行提款防盯梢，路上行走防偏僻；
夜晚单身结伴行，睡觉门窗要关闭；
遭遇抢劫不要慌，保护生命是第一；
寻找机会快逃脱，边跑边喊寻生机；
条件有利要反抗，瞄准机会致命击；
记住车牌人特征，及时报警有勇气。

课后检测

请扫描二维码进行在线同步测试。

在线同步测试 17

第四节　防范敲诈勒索

　　敲诈勒索是指以非法占有为目的，对被害人使用威胁或要挟的方法，强行索要公私财物的行为，具有较大的社会危害性。敲诈勒索公私财物，数额较大或多次勒索的，构成敲诈勒索罪，依法追究刑事责任。

　　近年来，针对在校学生的勒索案件时有发生，一些社会闲散人员、有不良行为的在校学生针对学生年纪小、体质弱、阅历浅的特点，采取暴力手段索要财物，不仅使受害人遭受人身伤害和财产损失，而且给受害人带来巨大的心理压力。为确保人身安全，我们有必要掌握一些防范校园敲诈勒索的知识。

案例 >>>

被勒索敲诈的王某

　　放学回家的路上，某中学初中二年级学生王某遇到了3个年龄比他大的少年张某、赵某和李某。他们将王某拉到僻静处，为首的张某上前打了王某一个耳光，恶狠狠地说："同学，听说你们家很有钱，我们哥儿几个今天玩游戏机没钱了，向你借一点儿，怎么样？"王某说："我……我没钱。""你敢骗人，我们都打听过了，你们家很有钱！"赵某和李某用脚朝王某身上乱踢。王某从口袋里掏出50元才得以脱身。

　　从此以后，他们就经常"光顾"王某，今天搜身，明天拳打脚踢，后天用烟头烫，手段一次比一次残忍。尽管屡次遭受他们的侵害，但王某怕他们报复，始终不敢报告家长和老师。在几个月里竟被3个少年勒索人民币2000多元。

（资料来源：佚名，2014. 中学生人身安全[EB/OL]. (2014-05-25)[2019-03-22]. http://www.doc88.com/p-3039061976942.html.）

相关知识 >>>

　　在校园内外，敲诈勒索等违法行为时有发生，因此我们不能抱有侥幸心理，必须在日常生活中提高警惕，增强防范意识，有效应对敲诈勒索行为。

一、校园敲诈勒索的特点

　　1）案发时间：午间或夜间。

　　2）案发地点：校园内外偏僻、人少的地段。

　　3）受害对象：在偏僻处独行的学生。

　　4）作案目的：索要现金和贵重物品。

5）作案范围：校园周边或学生回家必经之路。

6）作案特点：比较残忍，多携带凶器。

二、应对敲诈勒索的策略

1. 遇到敲诈勒索时不要害怕

当遇到敲诈勒索时，我们务必保持冷静、镇定，观察、分析眼前的形势，委婉地告诫对方做这种事的后果，打消他们行凶的念头，千万不要被对方吓倒，不要轻易答应对方的要求，让敲诈者随意摆布、为所欲为，否则敲诈者欲壑难填，以后会再次敲诈勒索。

2. 遇到敲诈勒索后要及时向学校、家长报告

敲诈勒索经常与暴力紧密联系。受害人要鼓足勇气与勒索者抗争，如果因为害怕而忍气吞声，会助长对方的嚣张气焰，使其认为你软弱可欺，以后会不断遭到敲诈勒索。

遭到敲诈勒索以后，要立即告知家长，并向学校保卫部门、公安机关报告。及时报案，会有效制止不法分子对自己的侵害，最大限度地挽回经济损失，使不法分子受到法律的惩处。

3. 搞好人际关系，强化自我保护意识

如果我们有良好的人际关系，就不容易成为被敲诈勒索的对象。遭受敲诈勒索的学生大多独来独往，人际关系不佳。当同学被人敲诈勒索时应做到以下几点：一是要帮助他脱离困境；二是要鼓励他勇敢地向老师、学校反映情况，寻求帮助。

4. 对家庭经济信息保密，不攀比、炫富

在校期间，同学之间不要攀比、炫富，家里的情况（特别是经济情况）不要随意透露给他人，以免给自己带来不必要的麻烦。平时不要过分讲究吃、穿、玩，不随身携带现金和贵重物品。

5. 要沉着冷静、随机应变

遭遇敲诈勒索时，要沉着冷静，并想方设法与对方周旋，使自己能够掌握对方的体貌特征和周围的环境，寻找脱离险境的有利时机。如果附近有人，可以边大声呼救，边跑向人多的地方。如果四周无人，呼喊或逃跑都无济于事，这时要先答应对方的要求，然后及时向学校保卫部门或公安机关报案。

6. 切忌意气用事，注意保护自身安全

面对敲诈勒索，我们需要勇敢面对，但不提倡逞一时之勇，这样反而会给我们造成不必要的伤害。

7. 避免极端做法，"以暴制暴"不可取

因受到敲诈勒索而试图独自通过暴力手段加以解决，是不正确的做法。一些学生因为受到敲诈勒索，而私自购买了匕首等管制刀具，准备在受到敲诈勒索时袭击对方，这样做会酿成大祸。

小提示

敲诈勒索罪

《刑法》第二百七十四条规定："敲诈勒索公私财物，数额较大或者多次敲诈勒索的，处三年以下有期徒刑、拘役或者管制，并处或者单处罚金；数额巨大或者有其他严重情节的，处三年以上十年以下有期徒刑，并处罚金；数额特别巨大或者有其他特别严重情节的，处十年以上有期徒刑，并处罚金。"

课后检测

请扫描二维码进行在线同步测试。

在线同步测试 18

第五节　拒 绝 传 销

随着互联网的普及，无接触、网络化、地域分散化的新型传销开始出现，网络传销呈现愈演愈烈的趋势。毕业生、在校学生身陷传销组织、遭遇网络传销骗局的案例层出不穷，在给个人人身财产造成严重威胁的同时，也影响着家庭幸福和社会稳定。

案例 →→→

陷入招聘骗局的李某

23 岁的李某出生于山东德州的一个农村家庭。2017 年 5 月，李某通过互联网招聘，成为"北京科蓝公司"的一个文员。隔了几天，公司的"人事部"通知李某到天津市静海区报到。

然而，家人和朋友发现，去公司"报到"后的李某态度日益冷淡并频繁失联，其间曾多次向朋友借钱。2017 年 7 月，李某的尸体在天津市静海区被发现。

警方调查发现，李某遭遇"招聘骗局"，陷入一个名为"蝶贝蕾"的传销组织，并最终遇害。而所谓的"北京科蓝公司"是一家冒名招聘的"李鬼"公司。

（资料来源：佚名，2017. [传销害人害己]大学生疑陷"招聘骗局"加入传销组织后 天津溺亡[EB/OL].
(2017-08-03)[2019-03-22]. http://www.sohu.com/a/161985670_99958329.）

相关知识 →→→

一、传销的特征

近些年，传销活动不断转变方式，名目更加繁多，渠道更加隐蔽，组织更加严密，手段更加恶劣，严重扰乱社会经济秩序，影响社会稳定。2016年3月，国家工商行政管理总局（现为国家市场监督管理总局）发布的《新型传销活动风险预警提示》明确指出，同时具备以下3点就可以认定涉嫌传销。

1. 交入门费

组织宣称交入门费后可获得计提报酬和发展下线的"资格"。入门费通常会设置得比较低，但会声称收益极高。

2. 拉人头

直接或间接发展下线，即拉人加入，并按照一定顺序组成层级。

3. 组成层级团队计酬

上线从直接或间接发展的下线的销售业绩中计提报酬，或以直接或间接发展的人员数量为依据计提报酬或者返利。

尽管传销手法千变万化、层出不穷，但只要我们能认清上述3个共同特征，就能识破生活中的传销骗局。

二、传销的危害

1. 破坏经济秩序

传销违法活动不仅违反国家禁止传销的法律规定，伴随传销发生的偷税漏税、制售假冒伪劣商品、走私贩私、非法集资、集资诈骗、非法买卖外汇、虚假宣传、侵害消费者权益等行为，也违反了税收、消费者权益保护、市场行为管理、金融、外汇管理等方面的法律、法规的规定，严重破坏市场秩序。

2. 破坏社会诚信

传销组织通过灌输、"洗脑"，教唆参与者以"善良的谎言"诱骗亲朋好友参与传销，导致人与人、人与社会之间的信任度严重下降，极大地破坏了社会诚信基石，与建设和谐社会的目标背道而驰。传销组织给参与者所上的第一课往往就是如何用所谓"善意的谎言"去骗人，而且是骗亲朋好友。经过传销组织的"洗脑"，传销参与者诚信缺失、道德失衡，不惜将亲朋好友骗入传销的"泥潭"。

3. 引发犯罪，危害社会稳定

传销使绝大多数参与者血本无归，一些参与者因此流落他乡，境遇悲惨，还有人因无颜面对亲友而选择自杀。部分传销参与者还盗窃、斗殴、卖淫、聚众闹事，甚至引发抢劫、杀人等刑事案件，严重危害人民生命财产安全和社会稳定。

4. 严重伤害参与者个人与家庭

传销在给参与者造成经济损失的同时，也给其家庭造成了巨大伤害。每个传销参与者都有相似经历，即被亲戚朋友以介绍工作为名骗至外地，通过"洗脑"，被"致富"神话打动，四处筹集资金加入传销网络。陷入传销泥潭后为赚钱再欺骗亲朋好友加入，如此恶性循环。由于传销获利与否及获利多少取决于发展下线的人数，一旦没有新成员加入，处于底层的传销参与者必将血本无归。参与传销活动的结果往往是夫妻、父子反目，甚至家破人亡。有的传销参与者经过"洗脑"，受传销组织精神控制而变得精神恍惚，不能正常学习和工作。

三、提防传销陷阱

1. 了解传销组织，做好思想准备

同学们很有必要了解传销的有关知识，掌握传销组织的特征，深刻理解其本质，做好保护自己的思想准备。这样即使深入传销组织，也能保持清醒的头脑，寻找机会脱身。

2. 保持健康心态，树立防骗意识

中职生应树立正确的人生观、价值观和世界观，戒除急功近利、投机暴富的心态；摆正心态，脚踏实地，不要有投机心理，能够拒绝传销组织的各种诱惑。

3. 警惕"感情牌"

不要轻信别人，尤其是口若悬河、夸夸其谈的人。"害人之心不可有，防人之心不可无"，不要轻信他人介绍的好工作，一定要多方核实公司的情况和介绍人与该公司的关系，如网上查询、工商注册查询、托人查询等。不要随便去异地面试，不要轻信网上面试，要注意公司和工作照片是否造假。

4. 警惕网络传销

随着互联网的普及，特别是移动互联网、智能手机的迅速发展，网络营销迅速蔓延，日益猖獗。万变不离其宗，网络传销组织者宣扬的仍然是暴利暴富和不劳而获，而要获取这个机会，参与者需要交纳各种费用。

5. 警惕所谓的培训课

一些传销组织行事隐秘，他们以"招聘"为幌子，在求职者入职后，安排很多培训课或者辗转多地开会，但是培训内容或会议内容与公司产品没有任何关系。所谓的培训和开会不过是一味地吹嘘如何发财享乐，如何拉拢亲朋好友交钱入会，一旦被他们"洗脑"，后果将不堪设想。

6. 营造良好和谐的人际关系

同学之间应加强沟通与交流，在生活中相互关心，共同抵制传销。一旦发现有同学加入传销组织，应想方设法劝导，使其尽快醒悟并脱身。如果在校园内发现有传销活动的迹象，应向学校保卫部门或当地公安、工商部门举报。

7. 确保生命安全，巧妙周旋应对

当发现自己误入传销陷阱时，最重要的一点就是先假装屈服，在"敌强我弱"的情况下千万不要盲目反抗，一定要保持冷静、机智应对，以保障自己的生命安全为前提，再设法逃脱。要想方设法与家人取得联系，利用外出吃饭、购物等机会逃离传销组织人员的控制，并向他人求助或报警，争取早日脱离传销魔窟。

小提示

参与传销是违法行为

不仅组织、领导传销活动是违法犯罪行为，参与传销活动也是违法行为。《禁止传销条例》第二十四条规定："参加传销的，由工商行政管理部门责令停止违法行为，可以处 2000 元以下的罚款。"

课后检测

请扫描二维码进行在线同步测试。

在线同步测试 19

第五章 生活安全

第一节 拒绝酗酒

过量饮酒会严重损害人体健康，中职生正处于生长发育阶段，应禁止酗酒。

案例 →→→

过量饮酒险丢性命

2016 年 8 月，渭南警方接到报警，称辖区一小区内发现了一具男尸，接警后民警迅速赶到现场进行勘察。

民警在现场注意到，死者家中的门窗完好无损，尸表无明显伤痕。经过走访调查和法医的鉴定，排除了他杀的可能。最后，法医给出了鉴定结论，死者的死亡是酗酒后引发疾病，造成突然死亡的。

（资料来源：佚名，2016. 男子家中去世一周后才被发现 因酗酒引发疾病[EB/OL]. (2016-08-07)[2020-01-21]. http://www.chinanews.com/sh/2016/08-07/7964070.shtml.）

相关知识 →→→

一、酗酒的危害

1. 酗酒对身体的危害

1）过量饮酒对体内营养素的影响：第一，减少了含有多种重要营养素（如蛋白质、维生素、矿物质）食物的摄入；第二，长期过量饮酒会损伤肠黏膜，影响肠道对营养素的吸收。

2）酒中的酒精对人体组织器官有直接的毒害作用。对酒精最敏感的器官是肝脏，连续过量饮酒会损伤肝细胞，干扰肝脏的正常代谢，进而可致酒精性肝炎及肝硬化。

3）过量饮酒会影响脂肪代谢。

4）长期过量饮酒会增加患高血压等疾病的风险。

5）摄入过量酒精，会对人的记忆力、注意力、判断力、机能及情绪反应产生严重伤害，会造成口齿不清、视线模糊，以及失去平衡力。

6）长期大量饮酒可能导致心肌组织衰弱并受到损伤，而纤维组织增生，严重影响心脏功能。

7）一次大量饮酒会导致急性胃炎，连续大量摄入酒精会导致更严重的慢性胃炎。

2. 酗酒对生活的影响

1）酗酒者情绪易激动，易乱发脾气，判断力控制不佳，易与人发生冲突，对外界刺激敏感，有高犯罪率。

2）酗酒者周围的人常成为其攻击对象。

3）酗酒者整日精神恍惚，影响学习。

4）亲友疏离，使酗酒者心理承担更大的挫折与压力，进而更加自暴自弃，形成恶性循环。

二、拒绝酗酒

1. 厌恶疗法

厌恶疗法是指以重复惩罚性的刺激，建立起条件反射而革除不良弊习。例如，在酒里掺上可以使酗酒者产生恶心和呕吐的物质，从而使酗酒者产生对酒的厌恶情绪，重复强化对酒产生条件反射性反感。

2. 认知领悟疗法

若酗酒者已停止喝酒，医生要开始对其进行心理治疗，帮助他们认知自己的行为，了解酗酒行为可能导致的恶果，使其认识到不喝酒后生活会更美好、更幸福，从而取得很好的疗效。

3. 社会支持性治疗

酗酒者的家人、朋友和老师，要在家庭、学校和其他社会组织中给予物质和精神帮助，使其摆脱酗酒的困扰。酗酒者可通过有意义的社会活动来恢复正常的社会交往，培养有益兴趣，提高自信心。

4. 长期随访治疗

酗酒者通常会在两年内复发酒瘾，所以在最初治疗结束之后，应该对其及时进行随访和跟踪治疗。

课后检测

请扫描二维码进行在线同步测试。

在线同步测试20

第二节 拒绝抽烟

吸烟有害健康，作为一名中职生，吸烟不仅与自己的学生身份不匹配，还有害身心健康。

案例 →→→

"吸烟有害健康"背后的故事

现在的香烟烟盒上，我们会注意到上面的那行字"吸烟有害健康"。为什么要写这 6 个字呢？这背后有什么故事呢？故事的起因是：一位美国的老奶奶，她的丈夫因长时间抽烟而患上了肺癌，最后永远地离开了她。因为丈夫死于长期抽烟导致的肺癌，所以老奶奶想警醒世人，于是她把烟草公司告上了法庭。她认为烟草公司明知过量吸烟有害健康，却没有在烟盒上标明，这是一种失职的行为。她请求以后必须在烟盒上标明"吸烟有害健康"字样，并且面积不得小于包装可见部位面积的 1/3。此举得到了法院的支持。

（资料来源：佚名，2018.为什么烟盒上要写"吸烟有害健康"，你知道这背后的故事吗？[EB/OL]. (2018-12-21)[2020-01-21]. http://www.sohu.com/a/283410795_120046176.）

相关知识 →→→

一、世界无烟日

20 世纪 50 年代以来，全球范围内已有大量流行病学研究证明，吸烟是导致肺癌的首要危险因素。为了引起国际社会对烟草危害人类健康的重视，1987 年 11 月，世界卫生组织建议将每年的 4 月 7 日定为"世界无烟日"，并于 1988 年开始执行。自 1989 年起，世界无烟日改为每年的 5 月 31 日。

二、吸烟的危害

1. 吸烟对身体的危害

1）脑部：吸烟会引发人多种脑部疾病，会使脑部的氧气及血液循环速度减慢，造成脑血管出血及栓塞，诱发麻痹、智力衰退及脑卒中。

2）喉部：吸烟可导致喉癌。

3）心脏及血管：吸烟会使脂肪积聚、血管壁丧失弹性，吸烟者容易患冠状动脉心脏病。

4）肺部：吸烟会引发肺癌。

5）消化道：胃病患者吸烟会使病情恶化。胃溃疡或十二指肠溃疡患者吸烟会使溃疡处的愈合速度减慢，甚至演变为慢性溃疡。另外，吸烟能刺激神经系统，加速唾液及胃液的分泌，使肠胃时常出现紧张状态，导致食欲不振。吸烟会引发结肠癌。

6）骨骼：吸烟者的断骨康复期要比不吸烟者长，原因在于烟草中所含的尼古丁及一氧化碳减慢了骨骼再生速度，尤其是尼古丁令血管收缩，减少了流到新生骨骼的血量。

7）支气管：吸烟是导致慢性阻塞气管疾病的主要因素。因为吸烟能导致支气管上皮细胞的纤毛变短、不规则，降低局部抵抗力，容易受到感染。

8）肝脏：经常吸烟会影响肝脏的脂质代谢作用，增加肝脏解毒功能的负担。

9）眼部：吸烟会引起吸烟者白内障，影响视力。

2. 二手烟的危害

二手烟是由香烟燃烧时释放的和吸烟者吸烟时呼出的烟草烟雾所形成的混合烟雾。被动吸烟是指不吸烟者被动吸入吸烟者吐出的烟雾，其危害也已引起全世界医学专家的重视。

在许多吸烟场所，二手烟是人们最常接触到的污染物。吸烟时呼出的烟雾可散发超过 4000 种粒子物质，这些物质大部分是很强烈的刺激物，其中至少有 40 种可在人类或动物身上引发癌症。吸烟者停止吸烟后，这些粒子仍能在空气中停留数小时，可被其他非吸烟者吸进体内，也可能和氡气的衰变产物混合在一起，对人体健康造成更大的伤害。

二手烟除了刺激眼、鼻和咽喉外，还会明显地增加非吸烟者患上肺癌和心脏疾病的概率。

3. 中职生吸烟的危害

中职生正处在生长发育的关键时期，神经系统、内分泌系统功能、免疫系统功能都不稳定，对外界有害物质的抵抗力、适应力都很差，容易罹患多种疾病。

中职生吸烟除了易生病外，还会影响机体和智力的发育。实践证明，吸烟学生的身高、灵活性、耐力、胸围、肺活量等生理机能指标都比不吸烟的学生低。据长期观察证实，吸烟学生的运动成绩、学习成绩和组织纪律性都比不吸烟的学生差。近年来，吸烟对于中枢神经系统与大脑的学习和记忆能力所产生的影响已受到人们的重视。

三、积极戒烟

为了健康，提倡人人戒烟。戒烟的关键。一是认识，二是决心，三是恒心。

1. 戒烟的好处

1）戒烟有利于身体健康，降低患癌症、心脏病、脑卒中、慢性呼吸道疾病等发生概率；延长寿命，提高生活质量。

2）提高嗅觉、味觉，改善呼吸功能，增强肺活力。

3）拥有一个清新的生活和学习环境。

2. 戒烟的方法

1）想象自己在吸烟，同时想象令人作呕的事情。例如，想象手中的烟盒或香烟上有痰渍等。

2）将戒烟的原因写在纸上，经常阅读。

3）不随身带香烟和打火机。

4）经常思考香烟里的毒素可能对肺、肝、肾和大脑造成的危害。

5）考虑自己吸烟的行为对家庭其他成员造成的危害。

课后检测

请扫描二维码进行在线同步测试。

在线同步测试 21

第三节　预防食物中毒

食物中毒是指患者所吃食物被细菌或细菌毒素污染，或食物中含有毒素而引起的急性中毒性疾病。食物中毒会对人体健康和生命造成严重损害，其特点是潜伏期短、具有突然性和集体暴发性，多数表现为急性肠胃炎症状，并与食用某种食物有明显关系，没有传染性。

据统计，绝大多数食物中毒发生在 7～9 月。临床表现为以上吐下泻、腹痛为主的急性胃肠炎症状，严重者可因脱水、休克、循环衰竭而危及生命。一旦发生食物中毒，千万不能惊慌失措，应冷静分析发病的原因，针对引起中毒的食物及食用的时间长短，及时采取应急措施。

案例 →→→

43 名学生误食野果中毒事件

海南省东方市某小学 43 名学生于 2019 年 11 月 11 日误食野果中毒，学生出现呕吐和头疼症状，学校紧急将 43 名学生送医。经医院初步诊断为学生误食了麻风果，导致发生轻微的食物中毒。11 月 12 日中午，该市通报事件进展，经洗胃等一系列治疗，中毒学生病情已趋平稳，病情可控，尚有十余名学生继续留院观察治疗。

（资料来源：王晓斌，2019.海南东方 43 名学生误食野果中毒 官方：病情平稳可控[EB/OL]. (2019-11-12)[2020-01-21]. http://www.chinanews.com/sh/2019/11-12/9005233.shtml.）

相关知识 →→→

一、常见食物中毒

1. 毒蕈中毒

（1）中毒原因

蕈类又称蘑菇，属于真菌植物。毒蕈是指食后可引起中毒的蕈类，目前在我国已知的毒蕈有 100 种左右，其中毒性很强的有 10 余种（图 5-1）。蕈类种类繁多，如果人们缺乏识别有毒与无毒蕈类的经验，误食毒蕈可致中毒。

图 5-1　毒蕈

（2）中毒表现

1）胃肠不适。潜伏期 0.5～6 小时。临床表现为恶心、呕吐、腹痛、剧烈腹泻，严重者可伴有消化道出血，继发脱水、血压下降甚至休克等。

2）神经或精神异常。潜伏期 1～6 小时。临床表现为副交感神经兴奋症状，如多汗、流泪、瞳孔缩小、呕吐、腹痛、腹泻等。少数病情严重者可出现谵妄、幻觉、惊厥、抽搐、昏迷、呼吸抑制等。

3）血液检查异常。潜伏期 6～12 小时。临床表现除胃肠道症状外，还有溶血性贫血、黄疸、血红蛋白尿、肝脾肿大等，严重者会导致急性肾衰竭。部分病例出现血小板减少、紫癜，甚至呕血或便血等。

4）中毒性肝炎。潜伏期 6～48 小时，以中毒性肝损害为突出临床表现，黄疸、转氨酶升高，严重者会伴随全身出血倾向，常并发弥散性血管内凝血、肝性脑病。另外，还可发生中毒性心肌炎、中毒性脑病或肾损害等，导致相关器官产生不同程度的功能障碍。

（3）预防措施

无识别毒蕈经验者，不要自采蕈类食用。

小提示

毒蕈的特征

1）色泽鲜艳度高。

2）伞形等菇（菌）表面呈鱼鳞状，菇柄上有环状突起物，菇柄底部有不规则突起物。

2. 豆角中毒

（1）中毒原因

豆角中毒一般是由豆角所含的皂素、植物凝血素和胰蛋白酶抑制物引起的。

（2）中毒表现

潜伏期为数十分钟至 5 小时，其临床表现主要为胃肠炎症状，如恶心、呕吐、腹痛、腹泻，以呕吐为主，并伴有头晕、头痛、出冷汗。有的患者四肢麻木，胃部有烧灼感。预后良好，病程一般为数小时或 1～2 天。

（3）预防措施

在食用豆角时，将其烧熟煮透。

3. 发芽土豆中毒

（1）中毒原因

土豆中含有一种生物碱，叫作龙葵素。正常土豆中龙葵素的含量较少，当土豆发芽（图 5-2）后皮肉变绿，龙葵素含量增高，人食用后容易引起中毒。

图 5-2　发芽的土豆

（2）中毒表现

一般在进食后 10 分钟至数小时出现胃部灼痛、舌咽发麻、恶心、呕吐、腹痛、腹泻等症状，严重者会出现体温升高、头痛、昏迷、出汗、心悸等症状。

（3）预防措施

土豆生芽过多或皮肉大部分变绿、变黑时不得食用。

4. 豆浆中毒

（1）中毒原因

生大豆中含有一种胰蛋白酶抑制物，可抑制体内蛋白酶的正常活性，并对胃肠有刺激作用。

（2）中毒表现

潜伏期数分钟到 1 小时，出现恶心、呕吐、腹痛、腹胀等症状。

（3）预防措施

豆浆必须煮开后再喝。

5. 沙门氏菌属食物中毒

（1）中毒原因

沙门氏菌属食物中毒多由动物性食品，特别是肉类引起（如病死牲畜肉、熟肉制品），也可由蛋类、奶类食品引起。

（2）中毒表现

临床表现以急性胃肠炎为主。前驱症状有恶心、头痛、全身乏力和发冷等；主要症状有呕吐、腹泻、腹痛，粪便为黄绿色水样便，有时带脓血和黏液；重症患者出现寒战、惊厥、抽搐和昏迷。老人、儿童和体弱者如不及时救治可导致死亡。

（3）预防措施

彻底高温杀死食物中的沙门氏菌，再食用。

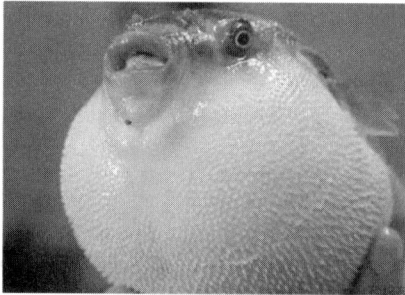

图 5-3　河鲀

6. 河鲀中毒

（1）中毒原因

河鲀，是一种味道鲜美但含剧毒的鱼类，如图 5-3 所示。河鲀中的有毒物质为河鲀毒素。河鲀毒素是一种神经毒素，220℃以上方可分解，盐腌或日晒均不能破坏。鱼体中含毒量在不同部位和季节有差异，卵巢和肝脏有剧毒，其次为肾脏、血液、眼睛、鳃和皮肤。

（2）中毒表现

早期有手指、舌、唇刺痛感，然后出现恶心、呕吐、腹痛、腹泻等胃肠症状，四肢无力、发冷、口唇和肢端知觉麻痹。重症患者的瞳孔与角膜反射消失，四肢肌肉麻痹，以致发展到全身麻痹、瘫痪。呼吸表浅而不规则，严重者呼吸困难、血压下降、昏迷，最后死于呼吸衰竭。

目前对河鲀中毒尚无特效解毒剂，对患者应尽快使其排出毒素并给予对症处理。

（3）预防措施

加强宣传教育，防止误食。

二、食物中毒的预防

食物中毒的预防措施有以下几个方面。

1）瓜果洗净并去除外皮后方可食用。

2）煮熟后放置 2 小时以上的食品，重新加热到 70℃以上再食用。

3）不吃来路不明的食品；不吃已确认变质或怀疑可能变质的食品；不购食无卫生许可证和营业执照的小店或路边摊点上的食品；不吃明知有毒性的食品。

4）查看基本标志，厂家厂址、电话、生产日期是否标示清楚，查看生产许可证标志。

三、食物中毒的救助

食物中毒的救助措施包括以下几个方面。

1）吐出食物，出现脱水症状时要及时到医院就医。保留好呕吐物或大便样本，并带去医院检查，有助于医生进行诊断。

2）不可盲目服用止泻药，以免贻误病情。

3）吐泻腹痛剧烈者暂时禁食。

4）出现抽搐、痉挛症状时，马上将患者移至周围没有危险物品的地方，并取来筷子，用手帕缠好塞入患者口中，以防止其咬断舌头。

5）如症状无缓解的迹象，甚至出现脱水明显、四肢寒冷、腹痛腹泻加重、极度衰竭、面色苍白、大汗、意识模糊、说胡话或抽搐、休克，应立即送医院救治，否则会有生命危险。

课后检测

请扫描二维码进行在线同步测试。

在线同步测试22

第四节 预防噎食

噎食窒息是指在进食过程中因吞咽困难造成大量食物不能下咽，阻塞气管或误入气管引发的急性吸气性呼吸困难或意识丧失。

案例

噎食窒息

2015年1月15日，广东佛山5岁女童婷婷与小伙伴小覃分享受赠得来的芭蕉不幸噎死。抢救过程中，医生从婷婷的喉咙里挖出了一块直径约5厘米的、表面带血的芭蕉块，医生认为，婷婷因异物吸入致窒息死亡。

（资料来源：程景伟，凌蔚，2015. 女童受赠吃芭蕉噎死 家长状告赠蕉者被驳回[EB/OL]. (2015-09-01)[2020-01-21]. http://www.chinanews.com/sh/2015/09-01/7501552.shtml.）

相关知识 →→

一、引发噎食的原因

引发噎食的原因如下。

1）就餐进食的时候又快又急。

2）食物过硬。

3）躺着进食。

二、噎食的急救与预防方法

1. 海姆立克急救法

施救者站在或跪在患者背后，用双臂抱住患者的腰，一手握拳，拳眼对着肚脐稍上方，用另一只手抓住握起的拳头，快速向内向上冲击患者的腹部，重复冲击，直到异物被冲出，且患者能呼吸、咳嗽或讲话为止。

2. 预防噎食的方法

1）进食时保持安静，不能大笑也不能大声哭闹。

2）保持坐姿端正，不躺着进食。

3）选择松软、易消化的食物。

4）不要将硬币或坚果类的食物含在嘴里。

5）就餐时应细嚼慢咽。

三、须及时就医的情形

遇以下情形时，应尽快及时就医。

1）呼吸困难，脸色发青、发紫时应尽快送医，因为异物可能已经进入气管。

2）剧烈咳嗽，喉咙里有呼噜呼噜的声音。

3）挤压胸部时，患者会感觉疼痛。这很有可能是吞入回形针、碎玻璃或其他金属片所致。

课后检测

请扫描二维码进行在线同步测试。

在线同步测试 23

第五节　预 防 烫 伤

日常生活中，我们常常会因为暖瓶的爆炸或打翻盛有开水的容器而被烫伤。

案例 →→→

高油温烫伤

某中职学校烹饪专业学生在烹饪课上进行热菜操作时，由于技术不熟练，锅中加油过多，油温偏高，油液煮沸溢出，遇明火燃烧，该名学生右臂轻度烫伤。

热塑胶烫伤

2016 年 6 月，某中职学校 10 多名学生光脚在塑胶跑道上慢跑，造成脚底不同程度烫伤，其中 4 名学生住院治疗。

相关知识 →→→

一、烫伤的预防方法

1. 热液烫伤

厨房地板要保持干燥，以免滑倒时被热液烫伤；洗澡水温一般控制在 40℃左右；暖瓶、开水壶、热粥锅、热汤锅应放置在不易碰撞的地方；不徒手接触内有高温蒸汽的物品。

2. 化学性灼伤

化学药品（如酸碱类）应放箱中并上锁；不要用空饮料瓶装强酸、强碱溶液，以免误食。

3. 接触性烫伤

使用电热毯、电热器或热水袋等高温物品时，要注意温度及使用距离，以免皮肤因长时间接触高温物品而被烫伤。

4. 家电灼伤

屋内电源插座及开关应置于高处；切勿用湿手或湿布接触电器，如电灯、电视机等。使用电源延长线或多插头插座时不要触摸电线及插座。

二、烫伤后的急救

1. 小面积、轻度烫伤

1）迅速避开热源。

2）用冷水冲洗，或将被烫伤的四肢浸泡在干净的冷水里，如此冲洗或浸泡 15～30 分钟，直至感受不到疼痛和灼热为止。躯干或其他部位可用冷敷方法，以此减轻疼痛，限制伤势的发展。

3）被烫伤时若穿着贴身的衣服，要在冷水冲洗后脱除或使用剪刀剪开。

4）用清水冲洗后，局部涂烫伤膏，需要用保鲜膜覆盖。

5）烫伤后如有水疱，不要把水疱挑破，已破的水疱切忌剪除表皮。

2. 严重烫伤

1）尽快将患者安全脱离热源。

2）尽快用冷水冲洗或浸泡、冷却烫伤部位，降低皮肤温度。要注意的是，若伤者面色苍白、四肢发凉、脉搏细弱，全身烫伤面积超过 30%，已处在休克状态，不要用冷水冲洗。

3）及时拨打 120 急救电话，尽快送往医院治疗。

课后检测

请扫描二维码进行在线同步测试。

在线同步测试 24

第六节　注意安全用电

在用电过程中，电器设备自身的缺陷、使用不当和安全措施不到位易造成人触电和火灾事故。

案例

私接电线致火灾

某校学生李某、灌某、韦某在寝室里私自将电源线接至床头以便给手机充电。不幸的是，所接线路短路后引起寝室起火。学校保安发现后及时灭火，并开展寝室用电安全检查。

相关知识

一、触电事故的预防

1. 室内防触电

1）不要移动正在运转的电器，如电风扇、洗衣机、电视机等。

2）不要修理带电的线路或电器。

3）对夏季使用频繁的电器，如电热水器、电风扇、洗衣机等，要采取措施防止触电，如经常用电笔测试电器金属外壳是否带电、加装漏电开关等。

4）家里、学校的大部分插座是通电的，不要用手指、铁丝、钢笔等去捅插座，以免触电。

5）如家中不慎浸水，首先应切断电源，然后将电器移到干燥的地方。如果电器已浸水，应检修后再使用。

2. 室外防触电

1）不在高压电线附近放风筝，不在裸露的电线下钓鱼。

2）不在变压器旁边逗留。

3）发现地上有电线、电缆，千万不要走近，更不要伸手去拉，以免触电。如果发现掉落的电线把人击倒，千万不要伸手拉他，否则不但救不了他，自己也会触电。正确的方法是用干燥的木棍等绝缘体将电线拨开。

4）不要攀爬电线杆，不在电线上晾晒衣物。

5）暴雨过后，路面很可能有积水，此时最好不要蹚水。如果必须蹚水通过，一定要随时观察所通过的路段附近有没有电线断落在积水中，因为水可以导电，必须加以注意。

6）如果电线恰巧断落在离自己很近的地面上，首先不要惊慌，应该用单腿跳跃的方式离开现场，否则很可能会在跨越电线时触电。

3. 校园用电安全

1）教室、宿舍内的电灯、电风扇要有专人管理，插头不要随便拔出与插入，以免发生触电事故。

2）不要用湿布抹开关、电线等。

3）不能用手触摸电闸。

4）发生电路故障，应立刻报告老师请电工维修，不要自己修理。

二、触电事故的急救措施

发生触电事故时，在保证救护者自身安全的前提下，首先设法使触电者迅速脱离电源，然后进行抢救：①解开妨碍触电者呼吸的紧身衣服；②检查触电者的口腔，清理口腔中的黏液或呕吐物；③立即就地进行抢救，如呼吸停止，采用口对口人工呼吸法抢救；若心脏停止跳动或不规则颤动，可采取人工胸外挤压法进行抢救。

如果现场除救护者之外，还有其他人在场，则应立即进行以下工作：①拨打120急救电话；②劝退现场闲杂人员；③保持现场有足够的照明，并保持空气流通。

小提示

触电急救争分夺秒

从触电后 1 分钟内开始救治，触电者有 90% 的机会可以救活；从触电后 6 分钟内开始抢救，触电者仅有 10% 的机会可以救活；触电后 12 分钟内开始抢救，触电者被救活的可能性极小。因此，当发现有人触电时，应争分夺秒，采用一切可能的办法施救。

课后检测

请扫描二维码进行在线同步测试。

在线同步测试 25

第七节　预防电梯险情

垂直电梯坠落和手扶电梯伤人的事件屡屡发生，因此同学们在乘坐电梯时必须遵守秩序，掌握应对电梯险情的常识。

案例 →→

电梯伤人事件

在武汉地铁七号线纸坊大街站，一位中年男子因为没有站稳摔下电梯。在这危急时刻，武汉工程科技学院的大一学生余某冲到扶梯旁按下了急停按钮，避免了一场电梯事故。

（资料来源：邹浩，2019. 大学生"连滚带爬"救乘客 称只是尽了自己的本分[EB/OL].
(2019-11-28)[2020-01-21].http://www.chinanews.com/shipin/cns/2019/11-28/news839904.shtml.）

相关知识 →→

一、电梯险情易发情形

电梯险情易发情形包括以下几个方面：

1）扶梯围裙板和梯级的间隙处不应超过 7 毫米，但电梯运行时间过久可能导致变形，间隙加大，容易产生险情。

2）扶梯上下梯级间的梳齿板使用时间较长后发生磨损，有可能卡住乘客的鞋、衣服、包等。

3）人在搭乘扶梯时不注意脚下，容易踩空或滑倒。

4）垂直电梯轿厢与地面接合处的空隙变大后容易产生险情。

5）电气设备故障造成垂直电梯卡在楼层之间。

二、电梯险情发生时的救助

发生电梯险情时，应及时施救。

1）如见有人搭乘扶梯遇险应大声呼救，按下扶梯两端的红色急停按钮。

2）搭乘垂直电梯出现故障突然卡住，应该快速按下紧急呼叫按钮；若按按钮后没有反应，则用手机拨打救援电话或 119 求助。

3）垂直电梯卡住时，应保持安静，注意听外面的动静，如有行人经过，应敲击轿厢门引起其注意。

4）垂直电梯出现冲顶或下坠时，应该做好保护的姿势，将背部紧贴轿厢壁，两腿弯曲站立，身体重心放在背部，双手抱住脖颈。

5）垂直电梯空间狭小，如果被困应保持镇定，通过聊天等方式分散注意力。

6）保持冷静，配合救援人员，切勿做出一些危险的行为。

垂直电梯遇险处理方法如图 5-4 所示。

图 5-4　垂直电梯遇险处理方法

三、电梯险情的预防

1）搭乘扶梯前检查鞋带有无松开；穿长裙搭乘扶梯时，最好用手拢住裙摆，以免被卷入梳齿板。

2）搭乘扶梯时要握紧扶手，不要只顾低头看手机。

3）避免携带手推车和其他大件物品搭乘扶梯。

4）学习电梯险情处置知识，知道红色急停按钮的位置和操作方法。

5）发生火灾、地震等时不要乘坐电梯逃生。

小提示

电梯急救小口诀
电梯突停莫害怕，电梯急救门拍下。
配合救援要听话，层层按键快按下。
头背紧贴电梯壁，手抱脖颈半蹲下。

课后检测

请扫描二维码进行在线同步测试。

在线同步测试 26

第八节　避免溺水事故

学生溺水事故易发于每年春夏交替时节与暑期。

案例 →→→ 学生溺亡事件

2019 年 7 月 11 日上午，辽宁省鞍山市台安县西佛镇西佛中学 7 名学生自发结伴到辽河台安达莲泡段游泳，6 名学生先后溺水。经全力搜救，6 名溺水学生全部找到，均无生命体征。

（资料来源：佚名，2019. 辽宁台安发生一起学生溺水事件 共造成 6 人死亡[EB/OL]. (2019-07-12)[2020-01-21]. http://www.chinanews.com/sh/2019/07-12/8892450.shtml.）

相关知识 →→→

一、溺水原因

1. 游泳技术不熟练

游泳者技术不熟练，在水中一旦发生意外便手忙脚乱，导致呛水。

2. 在非游泳区游泳

游泳者对水情不熟悉，水中的暗桩、礁石、急流、旋涡、水草及其他障碍物等可能给游泳者造成伤害，发生溺水事故。

3. 患病期间游泳

患心脏病的人在游泳时由于受到冷水刺激或运动量过大，心脏会产生不适应，造成溺水。

4. 潜水时憋气时间过长或过频

潜水时，游泳者憋气时间过长或过频，会引起脑缺氧而出现头痛、头晕或休克等现象，以致溺水。

5. 碰撞打闹

有些人喜欢在水里打闹嬉戏，或是做一些危险动作，导致溺水。

6. 抽筋溺水

游泳者游泳前未做好热身活动，在水中出现抽筋，以致溺水。

7. 游泳时间过长导致疲劳

游泳者过高估计自己的体能，游泳时间过长，身体过度疲劳也容易发生溺水事故。

二、溺水的救援

1. 不会游泳者的自救方法

1）落水后不要慌乱，务必保持头脑清醒。
2）头顶向后，口向上方，将口鼻露出水面，保持呼吸，避免呛水。
3）呼气要浅，吸气宜深，扔掉身上重物，尽可能使身体浮于水面，等待救援。
4）切不可将手上举或拼命挣扎，这样反而容易使人下沉。

2. 会游泳者的自救方法

1）平心静气，及时呼叫援救。
2）尽可能将身体抱成一团，浮上水面。
3）如果发生抽筋，如下肢抽筋，可深吸一口气，把脸浸入水中，用手将痉挛（抽筋）下肢的大脚趾用力向前上方拉，使大脚趾翘起来，持续用力，直到剧痛消失，抽筋自然停止。如果是手腕肌肉抽筋，可将手指上下屈伸，并采取仰面位，以两足踩水。

3. 他人落水的救助方法

1）衡量是否有救助的能力，不要盲目救援。
2）救援者应保持镇静，尽可能脱去衣裤、鞋靴，减轻身体重量，迅速游到溺水者附近。

3）对筋疲力尽的溺水者，救援者可从其头部接近。

4）对神志清醒的溺水者，救援者应从其背后接近，用一只手从其背后抱住溺水者的头颈，另一只手抓住溺水者的手臂游向岸边。

5）救援时要注意，防止被溺水者紧抱缠身而双双发生危险。如被抱住，不要相互拖拉，应放手自沉，使溺水者松手，再进行救援。

6）如果救援者游泳技术不熟练，最好携带救生圈、木板或用小船进行救援，或投下绳索、竹竿等，待溺水者握住后再将其拖拽至岸边。

4. 对溺水者进行急救

1）发现溺水者后，应立即拨打 120 急救电话或附近医院的急诊电话请求医疗急救。

2）立即清除溺水者口鼻里的淤泥、杂草、呕吐物等，并给予人工呼吸。

3）急救人员屈膝，将溺水者放在大腿上，头部向下，按压背部，迫使溺水者吸入呼吸道和胃内的水流出，时间不宜过长，1 分钟即可。

4）现场进行心肺复苏。对所有溺水休克者，都必须从发现开始持续进行心肺复苏急救。

三、溺水的预防

1）不要独自一人外出游泳，更不要到不知水情或易发生溺水事故的地方去游泳，如图 5-5 所示。

2）少年儿童必须在熟悉水性的成年人的带领下去游泳，以便照应。

3）游泳者要清楚自己的身体状况，生病期间不下水。

4）四肢容易抽筋者不宜游泳或不到深水区游泳；镶有假牙的人，应将假牙取下，以防呛水时假牙落入食管或气管，导致窒息。

5）不要贸然跳水和潜泳，不要在急流和旋涡处游泳，不要酒后游泳。

6）在游泳时，如果突然觉得身体不舒服，如眩晕、恶心、心慌、气短等，要立即呼救或上岸休息。

图 5-5　有明确警示标志的地方不要游泳

课后检测

请扫描二维码进行在线同步测试。

在线同步测试 27

第九节 避免交通事故

近年来，我国每年交通事故导致的学生伤亡人数呈上升趋势。为了保护自身的人身安全，我们要防患于未然。

案例 →→→

车辆相撞引发事故

2019年9月28日，长深高速公路江苏无锡段发生一起大客车碰撞重型货车的特别重大道路交通事故，造成36人死亡、36人受伤。事故发生原因是，事故大客车在行驶过程中左前轮爆胎，导致车辆失控，与中央隔离护栏碰撞，冲入对向车道，与对向大货车相撞。大客车上大部分乘员未系安全带，在事故发生时脱离座椅，加重了事故伤亡后果。

（资料来源：佚名，2020. 应急管理部公布2019年全国应急救援和生产安全事故十大典型案例[EB/OL]. (2020-01-12)[2020-01-21]. http://www.emerinfo.cn/2020-01/12/c_1210434673_3.htm.）

相关知识 →→→

一、交通事故原因分析

1. 酒后驾车

世界卫生组织统计，全球50%~60%的交通事故与酒后驾车有关。我国每年由酒后驾车引发的交通事故达数万起。饮酒后，当人体血液中酒精浓度达到一定水平时，人对外界的反应能力和控制能力就会下降，处理紧急情况的能力也会下降。

2. 疲劳驾驶

疲劳后继续驾驶车辆，驾驶员会感到困倦瞌睡，四肢无力，注意力不集中，判断能力下降，动作失误，极易发生交通事故。

3. 沉迷于手机

1）驾驶员驾车时使用手机引发交通事故。
2）行人只顾看手机，不注意观察道路情况引发交通事故。

4. 超载

超载不仅会对车辆结构造成损伤，而且会造成车辆转向沉重、离心力增加，车辆控制能力降低，极易引发交通事故。

5. 乱闯红灯

1）部分驾驶员把交通信号灯当成摆设，随意闯红灯。

2）部分行人为了赶时间无视交通信号灯，招致伤亡。

二、遭遇交通事故的救护方法

如果交通事故造成了人员伤亡，应在条件允许的情况下，进行紧急救护。

1）如果伤者手、脚受外伤，可转移至安全区域进行包扎；如伤者发生骨折，应原地等待医护人员，切不可乱接乱动。

2）若是伤者胸部受伤，不可轻易移动，应原地等待医护人员救治。

3）若是伤者头部有裂伤，应原地包扎，再送医院做进一步检查。

4）如果伤者头部出血较多，应用加压包扎法止血；如耳鼻喉出血，则应让伤者平卧，保持头侧向一方，以防窒息。

5）如果伤者头部有内伤，应让伤者侧卧，头后仰保持呼吸畅通，必要时进行人工呼吸与心肺复苏，由医护人员送医院做进一步检查与治疗。

三、预防交通事故

1. 行人注意事项

1）行人靠路右侧行走。

2）行人过马路时应走人行横道、过街天桥、地下通道。

3）按照交通信号灯指示通行。

4）过没有施画人行道的马路时，要注意观察来往车辆，不要突然横穿。

5）不要在道路上拦车、追车或抛物击车。

6）不要在道路上玩耍、坐卧或进行其他妨碍交通的行为。

7）不要钻越、跨越道路护栏或其他隔离设施。

8）不要进入高架路、高速公路及其他禁止行人进入的道路。

2. 骑车人注意事项

1）要了解车辆性能，做到车闸、车铃等齐全有效。

2）要遵守道路交通管理法规。

3）要在规定的非机动车道内骑行，不准进入禁行道路、路段或机动车道。

4）转弯前要减速慢行，向后瞭望，伸手示意。

5）超越前车时，不准妨碍被超车辆的正常行驶。

6）通过陡坡、横穿 4 条以上机动车道时，须下车推行。

7）不准双手离把、手中持物或攀扶其他车辆。

8）不准牵引车辆或被其他车辆牵引。

9）不准扶身并行、互相追逐或曲折竞驶。

10）不准骑自行车带人。

11）不准违反规定载物。

12）不准擅自在非机动车上安装机械动力装置。

13）不准醉酒后骑车。

14）乘坐两轮摩托车必须戴安全头盔，不要倒坐或侧坐。

3. 乘车人注意事项

1）待车辆停稳后，先下后上。

2）不要在车辆禁停位置招呼出租车。

3）车辆行驶中，不要将头、手伸出窗外。

4）不要妨碍驾驶员正常操作。

5）不要向车外吐痰、投掷物品。

6）车行道上，不要从车辆左侧车门上下车。

7）要系好安全带。

8）严禁携带易燃、易爆、有毒、腐蚀性、放射性及其他危险品。

课后检测

请扫描二维码进行在线同步测试。

在线同步测试 28

第十节 避 免 火 灾

日常生活中，电器使用不当，电气设备操作不规范，或是线路老化、绝缘体脱落等情况均可能引发火灾。为此，我们要增强防范意识，提高警惕，杜绝火灾。

案例 →→

"热得快"引发火灾

2008 年 11 月 14 日，某学校学生在宿舍使用"热得快"引发电气故障，并引燃周围可燃物导致火灾，4 名学生在消防员未到的情况下，从 6 楼跳楼逃生不幸全部遇难。

（资料来源：佚名，2008.20 起高校典型火灾事件回顾[EB/OL]. (2008-11-18)[2019-03-22]. http://info.fire.hc360.com/2008/11/18170257458.shtml.）

相关知识 →→→

一、住宅着火

住宅着火时可采取如下措施。

1）千万不要趴在床下、桌下或钻到壁橱里躲避火灾，也不要为抢救家中的贵重物品而冒险返回正在燃烧的房间。

2）若住在高层楼房，被火围困时要赶快向窗外发出求救信号，如挥舞衣物、呼叫等。夜间可以打开手电筒。

3）发现室外着火，门已发烫时，千万不要开门，以防火焰进入室内，可用湿的被褥、毛巾等堵住门缝，并泼水降温，争取时间等待救援。

4）逃生时，可用湿毛巾、餐巾纸、口罩、衣服等捂住口鼻。可将其多叠几层，以增大滤烟面积。穿越烟雾区时，要捂严口鼻。另外，要根据安全出口指示逃生，如图 5-6 所示。

5）如果身上着火，应设法脱掉衣服，或者就地打滚以压灭火焰。

图 5-6　安全出口指示牌

二、教室失火

教室失火时可采取如下措施。

1）火势尚小时，可以用教室里配备的灭火器扑火自救，或用湿衣物将火压灭。消火栓和灭火器的使用方法如图 5-7 所示。

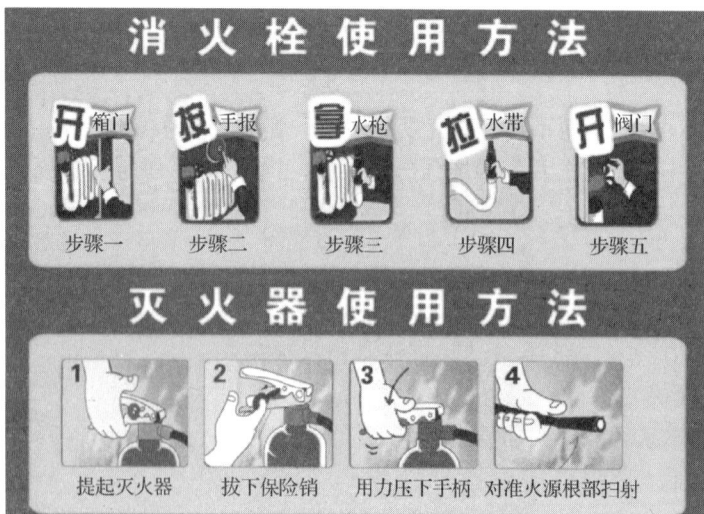

图 5-7　消火栓和灭火器的使用方法

2）火势较大时，应立即跑到室外。如教室里已充斥大量烟雾，撤离时可用手绢、衣袖等捂住口鼻，并弯腰扶墙快行，防止吸入烟气。

3）一层的教室失火，烟火封住教室门时，可从窗口跳出去；高层的教室失火，烟火封住门时，可将窗帘、衣物等拧成长条，制成安全绳。将浸湿的安全绳固定在暖气管上，两手抓住安全绳，从窗口缓缓下滑。

4）若火势尚未封锁楼道，应立即离开教室，迅速通过安全通道向外疏散。

5）不可使用电梯逃生。

三、报警方法

发现火灾后应立即拨打119报警。报警时应讲明以下内容：①发生火灾单位或家庭的详细地址；②起火物；③火势情况；④报警人的姓名及联系电话。

课后检测

请扫描二维码进行在线同步测试。

在线同步测试29

第十一节　避免煤气中毒

案例

煤气中毒事件

2019年4月某日，山西省阳曲县小学教师金某发现两名学生未按时上课，于是赶赴学生家中问询，因此挽救了煤气中毒的一家四口人。

金某到达学生家后，发现学生家里门窗紧闭，家门反锁，于是她大声呼叫，却无人应答。她心里顿觉不妙，第一时间叫来居住在同一个院里的房东将房门撞开。一进门，映入眼帘的一幕让在场的人惊呆了，一家四口人躺在床上均已失去知觉。在场的人马上呼叫了"110"指挥中心和"120"急救中心。经医生诊断，四口人均为一氧化碳中毒。经过医院全力抢救，孩子和家长都已脱离生命危险。

（资料来源：佚名，2019. 细心老师挽救学生一家四口：每个学生都是我的亲人[EB/OL]. (2019-04-20)[2020-01-21]. http://www.sx.xinhuanet.com/2019-04/20/c_1124392216.htm.）

相关知识 →→

一、煤气中毒的含义及症状

1. 煤气中毒的含义

煤气中毒即一氧化碳中毒，是一种复合性有害气体中毒。含碳物质燃烧不完全时的产物——一氧化碳，与血红蛋白结合，使其丧失携氧能力，造成组织窒息。患者出现脑水肿、肺水肿、心肌损害、心律失常和呼吸抑制，可造成死亡。

2. 煤气中毒的症状

煤气中毒的症状通常分为3种。

1）轻型：中毒时间短，表现为头痛眩晕、心悸、恶心、呕吐、四肢无力，甚至出现短暂的昏厥，一般神志尚清醒，吸入新鲜空气，脱离中毒环境后，症状迅速消失。

2）中型：中毒时间稍长，在轻型症状的基础上，可出现虚脱或昏迷。皮肤和黏膜呈现煤气中毒特有的樱桃红色。

3）重型：发现时间过晚，吸入一氧化碳过多，或在短时间内吸入高浓度的一氧化碳，中毒者呈深度昏迷，各种反射消失，大小便失禁，四肢发冷，血压下降，呼吸急促。一般昏迷时间越长，预后越严重，常留有痴呆、记忆力和理解力减退、肢体瘫痪等后遗症。

二、煤气中毒的急救方法

1）立即打开门窗，把患者移到通风良好、空气新鲜的地方，注意保暖。查找煤气泄漏的原因，排除隐患。

2）松解患者衣扣，清除其口鼻分泌物，保持其呼吸道通畅，如发现患者呼吸、心搏骤停，应立即进行人工呼吸，并做心肺复苏。

3）如患者能饮水，可喂少量热糖茶水或其他热饮。

4）若患者已昏迷，可刺激其人中、涌泉等穴位，以促其苏醒。

5）中型、重型煤气中毒者经上述紧急处理后，应及时送往医院做进一步治疗。

三、煤气中毒的预防措施

1）用煤气灶时要打开窗户，让屋中空气流通，保证氧气的供应。

2）随时检查连接煤气罐的橡皮管是否松脱、老化、破裂，开关是否有异常。

3）一旦发现有煤气泄漏，先用湿毛巾捂住口鼻，再进入充满煤气的厨房，立刻关闭总阀门，防止煤气大量泄漏引起火灾。要迅速打开门窗，给房间通风换气。

课后检测

请扫描二维码进行在线同步测试。

在线同步测试 30

第十二节　防止动物伤害

近年来，城乡犬只数量明显增多，不少人视宠物为忠实的朋友和伴侣，但是宠物致人受伤或死亡的事件亦频频出现。那么，我们应该怎样在与宠物友好相处的同时，避免自身受到伤害呢？

狂犬病是狂犬病毒所致的急性传染病，人兽共患，多见于犬、狼、猫等肉食动物，人多因被病兽咬伤而感染。狂犬病患者一旦发病，通常在几日内死于呼吸衰竭或循环衰竭。世界卫生组织指出，全球每年有 55 000 人死于狂犬病，即每不到 10 分钟就有 1 人因狂犬病死亡。

案例

好心救狗反被咬

陈师傅在宁波市某小区当保安，为人热心老实。某天，他巡逻时发现一只宠物狗在树下狂吠挣扎，小狗的两条后腿被树枝缠住挣脱不得。陈师傅上前把树枝拿开，没想到狗一脱身，反过来咬了他一口，他的手背被咬出了血。陈师傅只是冲洗伤口并反复挤压，事后没有去注射狂犬病疫苗。不久，陈师傅感到头痛、乏力，吃东西时感到咽喉部难受，胸口也隐隐发闷。不久，陈师傅去世，距离他确诊为狂犬病不过 4 天时间。

（资料来源：童程红，胡晓新，2018. 好心救狗反被咬 宁波保安大叔被确诊狂犬病 4 天后去世[EB/OL]. (2018-06-28) [2019-03-22]. http://zjnews.zjol.com.cn/zjnews/nbnews/201806/t20180628_7646045.shtml.）

相关知识

现在养宠物的人越来越多，在日常生活中我们有时会遭遇猫或狗的突然袭击。当我们被猫、狗咬伤时，不能手足无措，而应马上采取自救措施。

一、狂犬病的基本知识

在我国，狂犬病主要由家犬传播。家犬可以成为无症状携带者，所以表面"健康"的家犬对人的健康有潜在危险。目前，对于狂犬病尚缺乏有效的治疗手段，人患狂犬病后的病死率近 100%，故应加强预防措施。狂犬病的典型症状是恐水，饮水时，患者会

图 5-8　"世界狂犬病日"标志

出现吞咽肌痉挛，不能将水咽下，即使极渴也不敢饮水，故又名恐水症。狂犬病的潜伏期与年龄、个人体质、伤口部位深浅等因素有关，短则 10 天，长则 2 年或更久。发病时间因被咬部位距离中枢神经系统的远近和咬伤程度、感染病毒的数量而异。

2007 年，在国际狂犬病控制联盟的倡议下，世界卫生组织、世界动物卫生组织及美国疾病预防控制中心等共同响应，将每年的 9 月 28 日正式设立为世界狂犬病日，其标志如图 5-8 所示。

二、动物伤害的预防措施

1）与动物保持距离，不要随意挑逗动物。

2）如果要向动物表示友好，应该保持身体正直，然后慢慢地伸出手，轻轻地触摸动物。

3）不要在动物进食和睡觉时打扰它们。

4）动物逼近时要保持冷静，看着动物，慢慢、静静地后退。注意不要直视动物的眼睛，这对于动物来说意味着挑战。另外，声音太大和快速移动都会使动物受惊。

5）观察动物进攻前的反应，如弓背、背毛竖起、龇牙咧嘴、威胁狂吠、尾巴高高竖起。

6）如果被动物攻击，并被扑倒在地，应该蜷起身子呈球状，护住自己的头和脖子。注意：不能乱跑，也不能去踢打动物或者表现出恐惧，更不要激怒动物。

7）可以利用手边的东西如背包或自行车等，抵御动物的袭击。

三、被动物伤害后的处理办法

1）就地及时对伤口进行清洗、消毒。

2）伤口不宜包扎、缝合，开放性伤口应尽可能暴露。

3）被动物伤害后 24 小时内，应注射狂犬病疫苗，必要时还需注射狂犬病血清。

　小提示

动物致害责任

动物致害责任是指饲养的动物对他人造成损害时，动物的饲养人或管理人所应承担的赔偿责任。《民法通则》第一百二十七条规定："饲养的动物造成他人损害的，动物饲养人或者管理人应当承担民事责任；由于受害人的过错造成损害的，动物饲养人或者管理人不承担民事责任；由于第三人的过错造成损害的，第三人应当承担民事责任。"

课后检测

请扫描二维码进行在线同步测试。

在线同步测试 31

第十三节 注意建筑工地安全

建筑工地属于高危险地带，禁止无关人员靠近或者进入。由于建筑工地现场的复杂性，各种触目惊心的安全事故层出不穷。

案例 →→→

建筑工地升降机坠落

2019 年 4 月 25 日，河北衡水市某建筑工地发生一起施工升降机轿厢（吊笼）坠落的重大事故，造成 11 人死亡、2 人受伤。经过调查，事故发生原因是，事故施工升降机在安装过程中，一些连接螺栓未安装和没有达标，而且事故施工升降机安装完毕后，未按规定进行自检、调试、试运转，未组织验收，最终导致事故发生。

（资料来源：佚名，2020. 应急管理部公布 2019 年全国应急救援和生产安全事故十大典型案例[EB/OL].
(2020-01-12)[2020-01-21]. http://www.emerinfo.cn/2020-01/12/c_1210434673_3.htm.）

相关知识 →→→

建筑施工是在有限的场地上，集中大量的操作人员、施工机具、建筑材料等进行的作业。建筑施工多为高处作业、露天作业和立体交叉作业，施工环境条件相对恶劣。因此，建筑工地安全问题一定要引起足够的重视。

一、建筑工地安全隐患

1. 高处坠落

高处坠落包括以下几种：人员从临边、洞口等处坠落；人员从脚手架上坠落；人员在安装、拆除龙门架和塔吊过程中坠落；人员在安装、拆除模板时坠落；人员在结构和设备吊装时坠落。

2. 触电事故

触电事故包括以下几种：经过或靠近缺少防护的电气线路时触电；搭设钢管架、绑扎钢筋或起重吊装中碰触电气线路而触电；不当使用各类电气设备时触电；破皮老化又无开关箱防护的电线漏电。建筑工地安全用电标志如图 5-9 所示。

图 5-9　建筑工地安全用电标志

3．物体打击

物体打击指施工人员受到同一垂直作业面的交叉作业和通道口等处坠落物体的打击。

4．机械伤害

机械伤害指各类起重机械、混凝土机械、钢筋加工机械、木工机械、挖掘机械等造成的伤害。

5．坍塌事故

坍塌事故包括以下几种：现浇混凝土梁、板的模板支撑失稳倒塌；基坑边坡失稳引起土石方坍塌；拆除工程中的坍塌；在建工程围墙及屋面板质量低劣坍落。

6．其他伤害

其他伤害包括各种运输车辆造成的车辆伤害，氧气、乙炔气瓶造成的火灾爆炸，地面各种铁钉等造成的扎伤等。

二、建筑工地安全防范

建筑工地施工期间存在一定的安全隐患，同学们一定要增强自身的安全防范意识，远离建筑工地，保护自身安全。建筑工地安全防范应做到以下几点。

1）不得在建筑工地及周边逗留和玩耍。

2）进入施工现场时一定要做好安全防范措施，正确佩戴安全帽。

3）注意施工现场的建筑垃圾，如铁钉、钢筋等，以免扎伤脚。

4）不要直视电焊机火花，以免刺伤眼睛。

5）不要站在吊车、翻斗机等施工车辆旁，以免这些车辆上的物品散落时砸伤自己。

6）如果不得不从建筑工地通过，就要避开来往车辆，注意观察，以免发生意外。

7）远离施工围挡、施工基坑、用电设施等，不触碰施工机械，不在机械周边玩耍。

8）熟知安全警示标志的含义，不随意挪动、攀爬。

小提示

安全帽的正确佩戴方法

安全帽是防榴弹形设计，由国家指定工厂生产的合格产品。因此，人员进入施工现场必须正确佩戴安全帽。

安全帽的正确佩戴方法如下。

1）安全帽在佩戴前应调整好松紧，以帽子不能在头部自由活动，人又未感觉不适为宜。

2）安全帽由帽衬和帽壳组成，帽衬必须与帽壳连接良好，同时帽衬与帽壳不能紧贴，应有一定间隙，该间隙一般为2～4厘米（视材质情况），当有物体附落到安全帽壳上时，帽衬可起到缓冲作用，保护头部和颈椎部不受损伤。

3）必须拴紧下颚带，当人体发生坠落或二次击打时，不至于脱落。人在摔倒或坠落时，只有系紧帽带、安全帽不被摔出去时，才能起到保护头的作用。所以，大家一定要戴好安全帽，并系好帽带。

4）应戴正安全帽，帽箍的松紧应根据佩戴人的头形调整；女生佩戴安全帽时应将头发放进帽衬。

课后检测

请扫描二维码进行在线同步测试。

在线同步测试32

第十四节 避免高空抛物

近年来，随着城市化进程的加快，楼房越建越高，高层建筑越来越多，给我们带来的头顶威胁也越来越大。装修时的墙砖、阳台上的花盆、空调外挂机，都有可能是高空杀手。高空抛物被称为"悬在城市上空的痛"。

案例 >>>

高空抛物砸到女童

2019年6月19日，南京市儿童医院河西院区抢救室接收到一名被高空坠物砸伤的女童，经该院紧急救治，女童各项生命体征平稳，但后期还需重症监护和对症治疗。经查，女童在其外婆陪同下行至某广场北侧路面，不幸被楼上 8 岁男童抛下的物品砸中。

（资料来源：佚名，2019. 南京一女童被高空坠物砸伤[EB/OL]. (2019-06-20)[2020-01-21]. http://finance.chinanews.com/sh/2019/06-20/8869853.shtml.）

相关知识 →→

　　高空抛物不仅是不文明行为，还会造成很多安全事故，对他人的人身财产安全构成极大威胁，严重者将追究刑事责任。因此，同学们在日常生活中，一定要注意约束自己的行为，抵制高空抛物行为，保护他人及自己的人身和财产安全。

一、高空抛物的危害

　　1）高空抛物极易引发事故，有时高空坠下哪怕只是一枚小小的钱币或是一粒小小的石子都有可能危及路人的人身安全。

　　2）高空抛物会破坏公共环境卫生，优美的环境很可能被这飞来之物破坏。

二、高空抛物的法律责任

　　2019 年 10 月 21 日，《最高人民法院关于依法妥善审理高空抛物、坠物案件的意见》（法发〔2019〕25 号）（以下简称《意见》）由最高人民法院公布实施。《意见》为有效预防和依法惩治高空抛物、坠物行为，切实维护人民群众"头顶上的安全"，提出 16 条具体措施。

　　《意见》明确对于故意高空抛物的，根据具体情形按照以危险方法危害公共安全罪、故意伤害罪或故意杀人罪论处。

　　《意见》重点提出：故意从高空抛弃物品，尚未造成严重后果，但足以危害公共安全的，依照《刑法》第一百一十四条规定的以危险方法危害公共安全罪定罪处罚；致人重伤、死亡或者使公私财产遭受重大损失的，依照《刑法》第一百一十五条第一款的规定处罚。为伤害、杀害特定人员实施上述行为的，依照故意伤害罪、故意杀人罪定罪处罚。

　　依法从重惩治高空抛物犯罪。具有下列情形之一的，应当从重处罚，一般不得适用缓刑：①多次实施的；②经劝阻仍继续实施的；③受过刑事处罚或者行政处罚后又实施的；④在人员密集场所实施的；⑤其他情节严重的情形。

　　准确认定高空坠物犯罪。过失导致物品从高空坠落，致人死亡、重伤，符合《刑法》第二百三十三条、第二百三十五条规定的，依照过失致人死亡罪、过失致人重伤罪定罪处罚。在生产、作业中违反有关安全管理规定，从高空坠落物品，发生重大伤亡事故或者造成其他严重后果的，依照《刑法》第一百三十四条第一款的规定，以重大责任事故罪定罪处罚。

　　建筑物及其搁置物、悬挂物发生脱落、坠落造成他人损害的，所有人、管理人或者使用人不能证明自己没有过错的，人民法院应当适用《中华人民共和国侵权责任法》第八十五条的规定，依法判决其承担侵权责任；有其他责任人的，所有人、管理人或者使用人赔偿后向其他责任人主张追偿权的，人民法院应予支持。从建筑物中抛掷物品造成他人损害的，应当尽量查明直接侵权人，并依法判决其承担侵权责任。

三、高空抛物的防范方法

　　1. 高楼住户防范高空抛物的方法

　　1）要充分认识高空抛物的危害性及肇事者可能承担的法律责任，养成文明的生活习惯，杜绝高空抛物。

　　2）生活垃圾装袋后，放置在指定的垃圾桶内。

　　3）禁止从楼上向下泼水或从阳台上冲洗衣服，以防脏水溅到楼下。

　　4）尽量不要在阳台、窗户外沿上摆放花盆、拖把等搁置物和悬挂物，以免发生高空坠物等意外。

　　5）禁止在阳台内堆放易燃、易爆或易被风刮起的物品。刮风下雨时，应注意检查阳台物品及门窗。

　　6）高楼邻居之间做好相互监督和提醒。

　　2. 行人防范高空抛物的方法

　　1）警惕高架的广告牌。大风或自然松动容易导致广告牌瞬间倒塌坠落。

　　2）注意建筑施工工地的坠落物。安全防护网若不齐全，砖石物料就可能会坠落伤人。

　　3）关注警示牌通告。一般经常坠物的路段常贴有警示牌等标志，注意查看绕行。

　　4）尽量走有防护的内街。

　　5）刮风下雨天更要注意高空坠物。特别是沿海地区城市，多风暴天气，更要小心观察。

小提示

小小物品破坏大

　　一个重量为30克的鸡蛋从4楼掉下来就会让人起肿包，从8楼掉下来会让人头皮破损，从18楼掉下来会砸破行人的头骨，从25楼掉下来可致行人死亡。

　　一个拇指般大的小石块，从4楼掉下来可能伤人头皮，从25楼掉下来可能会致行人死亡。

　　空啤酒瓶从18楼掉下来可造成致命伤害。

　　一个长4厘米的铁钉从18楼掉下来可能会插入行人的脑中。

课后检测

请扫描二维码进行在线同步测试。

在线同步测试 33

第十五节　避免踩踏事故

在聚众集会时，特别是在拥挤的队伍移动的过程中有人意外跌倒后，若后面不知情的人群依然前行，很容易踩到跌倒的人，此时人们的惊慌情绪会加剧拥挤，增加新的跌倒人数，发生恶性循环群体伤害的意外事件。

案例 >>>

上海踩踏事件

2014 年 12 月 31 日 23 时 35 分，上海市黄浦区外滩陈毅广场（图 5-10）东南角通往黄浦江观景平台的人行通道阶梯处发生拥挤踩踏，造成 36 人死亡，49 人受伤。

图 5-10　上海外滩陈毅广场上拥挤的人群

（资料来源："12•31"外滩陈毅广场拥挤踩踏事件联合调查组，2015.12•31 上海外滩拥挤踩踏事件调查报告全文[EB/OL].
(2015-01-21)[2020-01-21]. http://politics.people.com.cn/n/2015/0121/c1001-26424342.html.）

相关知识 >>>

一、发生踩踏事件的起因

发生踩踏事件有以下几种原因。

1）人群较为集中时，拥挤或前面有人不慎摔倒，后面的人没有留意导致踩踏。

2）人群受到惊吓或是发生恐慌，在无组织、无目的的逃生中相互拥挤推搡，发生踩踏。

3）人群过于兴奋或愤怒，情绪没有得到控制而发生骚乱，产生踩踏。

4）为了满足好奇心，人员大量集中导致踩踏。

5）上下楼梯时故意拥挤、起哄、打闹、推搡或突然停留等，引发踩踏事件。

二、预防踩踏事件的方法

1）发现拥挤的人群向自己所在的方向涌来时，应立即避让，不慌乱、不奔跑，以免摔倒。

2）如无法避免混入拥挤的人群，应尽量顺着人流前进，切不可逆向行进。

3）混入拥挤的人群时，要稳定好自己的身体重心，不要倾斜，不能弯腰捡取物品、系鞋带等。

4）观察四周的环境，可抓住栏杆或管道等固定物体，等待拥挤人群慢慢消散。

5）在人群骚动的楼梯间尽可能靠近护栏或抓紧扶手，以免摔倒。

6）被人群挤压摔倒后应尽快靠近墙角，身体蜷成球状，双手交扣护住后脑与后颈部，双肘向前护住太阳穴，身体前倾护住胸腔和腹腔。

7）上下楼梯时发现前面有人摔倒，应立即站稳身体，止步并大声呼救，组织疏散。

课后检测

请扫描二维码进行在线同步测试。

在线同步测试 34

第十六节 注意旅游安全

随着人民生活水平逐步提高，旅游成为人们生活中不可缺少的放松方式，旅游业取得蓬勃发展。伴随旅游活动内容的丰富和出游方式的变化，各类旅游安全事故的发生概率和绝对数量也呈增加态势。

旅游安全事故，是指在旅游活动过程中，由自然或人为原因造成旅游者人身或财产损失，并导致有关当事人须负相应法律责任的事件。

案例

泰国普吉游船倾覆事故

2018 年 7 月 5 日 17 时 45 分，两艘共载有 127 名中国游客的游船在返回普吉岛的途中突遇特大暴风雨而发生倾覆。此次泰国普吉游船倾覆事故，共造成 47 名中国游客死亡。泰国普吉游船倾覆事故救援现场如图 5-11 所示。

图 5-11　泰国普吉游船倾覆事故救援现场

（资料来源：何鼎鼎，2018. 人民日报人民时评：风景再好，也应在安全线内[EB/OL]. (2018-07-12)[2020-01-22]. http://opinion.people.com.cn/n1/2018/0712/c1003-30141685.html.）

相关知识 →→→

　　寒暑假期间，是人们出游的旺季。但在开心旅游的同时，旅游安全也需时刻牢记。那么，怎样才能安全旅游、放心旅游呢？在制订旅游计划时，大家要根据自身情况选择合适的旅游产品和出游方式，并在出游前了解一些旅游常识和应急措施，注意防范各种安全隐患，做到文明出游、理性消费、依法维权。

一、旅游要理性

1. 选择资质齐全的旅行社

　　参团旅游，要选择资质齐全的旅行社，查看工商部门颁发的工商执照和旅游部门颁发的旅行社业务经营许可证（备案登记证明），注意旅行社经营范围。

2. 选择合适的旅游产品

　　确定旅游路线时，应当根据个人旅游的实际需求，选择跟团游或者自助游，并选择与自身出行目的契合的旅游线路，可提前从网上搜索目的地资讯和攻略，了解线路基本情况。若选择自助游，应尽量考虑成熟路线，以免迷途或者遭遇意外。

3. 签订正规的旅游合同

　　参团旅游，必须与旅行社签订正规的书面旅游合同。在签订旅游合同前，一定要明确双方的权利和义务，对于一些容易引发纠纷的事项要在合同中明确约定，避免不必要的麻烦。要详细阅读合同条款，仔细了解旅游行程安排。

4. 自觉抵制不合理的"低价游"

不少旅行社为拉拢客源而打起价格战，推出充满诱惑力的"特价""超低价"来吸引消费者。这会降低旅游服务的质量，同时又变相增加购物、景点门票等其他项目来增加消费者的开支。因此，一定要注意旅行社的资质和旅游产品的品质，不要一味地只考虑价格因素。

5. 避免盲目购物

在景点购物时，要货比三家、辨析真伪后，再以合适的价格购买。对于价格贵重的物品要谨慎、理智购买，防止上当受骗。如确须购物，一定要向经销者索取购物发票或服务凭证。

6. 依法维权

旅途中一旦发生意外事件，应及时报警，必要时向事发地人民政府有关部门或我国驻当地使领馆、政府派出机构求助。同时，配合有关方面为避免损失的进一步扩大而采取必要措施。

二、安全隐患要防范

1. 出行前了解目的地天气状况

出行前要了解相关天气预警信息，合理选择旅游路线。遇到恶劣天气，要听从当地有关部门、旅行社或导游人员的组织，注意必要的自我防护，不在危险地段停留。

2. 遵守交通规则和安全规定

发生交通事故时不要惊慌，要合理采取自救和互救措施，保护事故现场，并迅速报告警方和相关部门。若是自助游，要尽量避开热点地区和高峰时段，提前设计好旅行线路。

3. 遵守集合时间和景区规定

注意景区设立的安全警示标识，不要到景区划定的安全游览路线以外的地方游玩，不要进入景区禁止入内的危险区域，而要听从导游人员安排，及时回到集合地点。

4. 购买人身意外伤害保险

建议出游前购买人身意外伤害保险。购买保险产品时要问清理赔范围，结合自身实际情况合理选择，注意索要发票和保单。

5. 妥善保管随身携带的物品

旅游途中尽量不要携带过多的现金和贵重物品，在游览过程中注意保管好自己随身携带的物品，不要让贵重物品离开自己的视线。

6. 要做好流行性传染病的预防

旅游前应先了解目的地的疾病流行情况，并做好预防接种。旅行期间也要做好相应的防护。

三、出境旅游注意事项

随着出境旅游市场规模的迅速扩大，涉及中国游客的海外涉旅安全事故也迅速增加，广大游客要增强风险防范意识，警惕各类风险，平安出游，理性出游。

1. 涉水活动风险

涉水活动易引发旅游安全事故。其中，溺水和水上交通事故是造成游客死伤的主要因素。

2. 交通风险

由于各国基础设施状况和交通规则不同，中国游客存在不熟悉当地路况等问题。部分出境旅游目的地国家公路基础设施落后，自然灾害频发，容易引发交通安全事故。

3. 野外和空中项目风险

一些国家地貌奇异、山川秀美，为游客提供了大量丰富的野外观光项目，如登山、丛林探险、热气球观光、滑翔伞等，这些活动也存在不同程度的安全风险。

4. 其他风险

一些游客在恐怖袭击频发、政局动荡不稳或发生重大疫情的国家和地区旅游时，也会存在安全风险。旅游过程中，游客要遵守当地法律法规，遇突发事件时保持冷静，妥善应对，及时报警。游客出游时应尊重当地的风俗习惯，礼貌待人，自觉遵守社会公德和公共秩序，保护生态环境，杜绝不文明行为。

小提示

旅游必备物品

1）证件：身份证、学生证、车票等。

2）用品：手机（确认手机话费充足）、照相机、充电器、遮阳伞、背包、湿巾、卫生纸等。

3）药品：风油精、藿香正气口服液、创可贴、晕车药、眼药水等。

4）衣物：备用衣物、运动休闲鞋、拖鞋、备用袜、泳衣泳镜、太阳帽等。

5）洗漱用品：牙刷、牙膏、毛巾、护肤品、洗发水、沐浴露、防晒霜等。

课后检测

请扫描二维码进行在线同步测试。

在线同步测试35

第六章 网络安全

第一节 拒绝网瘾

网瘾，即互联网成瘾综合征（Internet addiction disorder，IAD），是指上网者由于长时间地和习惯性地沉浸在网络时空当中，对互联网产生强烈的依赖，以致达到痴迷的程度而难以自我解脱的行为状态和心理状态。其基本症状是上网时间失控，欲罢不能，为了上网可以不吃饭不睡觉。患者即使意识到问题的严重性，也无法自控，常表现为情绪低落、头昏眼花、双手颤抖、疲乏无力、食欲不振等。

案例 ➤➤➤

网瘾少年为游戏花费家里巨资

云南省红河州石屏县牛街镇的李某去银行存钱时发现，自己银行卡上的钱莫名其妙地少了 1.6 万元，他当即报警。经当地民警调查后发现，李某 10 岁儿子常拿他的手机玩游戏，1.6 万元系被其子用于充值某网络游戏。随后，民警联系了该款游戏的运营公司，并将相关证明材料通过电子邮箱提供给游戏运营公司，最终游戏运营公司同意退还李某 1.29 万元。

（资料来源：缪超，2019. 坑爹！十岁网瘾男童用父亲手机为玩游戏充值 1.6 万元[EB/OL]. (2019-04-30)[2020-01-21]. http://www.chinanews.com/sh/2019/04-30/8825076.shtml.）

相关知识 ➤➤➤

一、网瘾的诊断标准

2008 年年底，由中国人民解放军原总后勤部组织、原北京军区总医院牵头制定的《网络成瘾临床诊断标准》指出网络成瘾的病程标准为"平均每日连续使用网络时间达到或超过 6 个小时，且符合症状标准已达到或超过 3 个月"。

二、网瘾的危害

1. 危害中职生的身心健康

网络成瘾者因对互联网产生过度依赖而花费大量时间上网。中职生正处于身体发育的关键阶段，人若长时间连续上网，个体新陈代谢系统、正常生物钟就会遭到严重的破坏，身体也会变得虚弱。中职生长期沉溺于网络中，不仅会影响头脑发育，还会导致神经紊乱、激素水平失衡、免疫功能下降，引发紧张性头疼，甚至导致死亡。同时，不良的上网环境也会损害中职生的身体健康，若长期在空气浑浊、声音嘈杂的环境里上网，也容易染上疾病。

2. 导致中职生学习成绩下降

中职生沉溺于互联网引发了大量的教育问题，染上网瘾的中职生被网络挤占了原本属于读书和思考的时间，直接后果就是学习成绩下降。国外也有研究表明，长期上网、沉湎于网络游戏的孩子，其智力会受到很大的影响，甚至导致智商下降到正常孩子的标准水平线以下。

3. 弱化中职生的道德意识

在网络世界，人们的性别、年龄、相貌、身份等都能充分隐匿，人们的交往没有责任也没有义务。人们不必面对面地直接打交道，从而摆脱了众多的道德约束。在网络世界里失去了社会道德约束的中职生，往往不能较好地抵御各种错误思想的侵袭，容易迷失了方向，不能很好地把握自己，以致影响他们的现实生活行为，产生不良后果。

4. 影响中职生人际交往能力的正常发展

染上网瘾的中职生大多性格孤僻冷漠，容易与现实生活产生隔阂，导致自我封闭，进而不断走向个人的孤独世界，拒绝与人交往。

染上网瘾的中职生与他人交往频率减少，迷恋人机对话模式，对着计算机屏幕行文如水、滔滔不绝，而丢掉键盘、鼠标就变得沉默寡言，在现实生活中语言表达能力出现障碍，很难与别人更好地交流，严重者会患上社交恐惧症。

5. 影响中职生正确人生观、价值观的形成

在网络社会，一切都呈开放状态，网络内容丰富复杂、良莠不齐，其中不乏有黄色信息、暴力信息，以及消极、颓废甚至违法、犯罪的思想。中职生鉴别力和判断力水平较弱，在互联网上接触了消极思想，会在潜移默化中影响其正确人生观和价值观的形成。

三、戒掉网瘾的方法

戒掉网瘾可参照如下方法。

1）充分认识网瘾的不良影响，如荒废学业、有损身心健康等，对成瘾行为有本质的认识，力争慢慢戒除。

2）在一定时期内逐步减少上网时间，最终实现偶尔上网或不上网。

3）代替疗法。在现实生活中需要有充实的精神生活和娱乐生活，可以利用其他的爱好替代网络，如游泳、打球、登山、旅游等户外运动。

4）严重的网瘾患者，必要时需要住院治疗。

小提示

网 瘾 自 检

可以通过以下测试自我诊断是否染上网瘾。

1）你是否觉得上网已占据了你的身心？

2）你是否觉得只有不断增加上网时间才能感到满足，从而使上网时间比预定时间长？

3）你是否无法控制自己上网的冲动？

4）每当互联网的线路被掐断或由于其他因素不能上网时，你是否会感到烦躁不安或情绪低落？

5）你是否将上网作为解脱痛苦的唯一办法？

6）你是否对家人或亲友隐瞒迷恋互联网的程度？

7）你是否因迷恋互联网而面临失学、失业或失去朋友的危险？

8）你是否在支付高额上网费用时有所后悔，但第二天仍然上网？

如果你有 4 项或 4 项以上表现，并已持续 1 年以上，则表明你已染上网瘾。若已染上网瘾，请远离网络，必要时及时就医。

课后检测

请扫描二维码进行在线同步测试。

在线同步测试 36

第二节　远离不良网站

日益发达的网络给我们的生活带来了一定的便利，但是网络也充斥着各类不良信息，中职生涉世不深，思想不稳定，难以抵御网络不良信息的侵袭。

案例 →→

网络自杀游戏

一款名为"蓝鲸"的自杀游戏最初出现在俄罗斯的社交网络，专门针对 14 到 16 岁的青少年，教唆他们完成自残甚至自杀的游戏任务。在这个网络游戏里，玩家会被要求提供真实个人信息，一旦有人抵触任务或中途退出，个人私密信息便会被公开，家人也会受到牵连。

令人揪心的是，游戏依然在传播，并且演变出各种不同的版本，但无论哪个版本，都是利用青少年的好奇心将他们吸引，并通过心理诱导，一步步摧毁他们本就脆弱的意志，最终诱导他们走向自杀，以此来满足诱导者的变态心理。截至目前，英国、阿根廷、墨西哥、中国等多国都发现类似案例。

（资料来源：佚名，2017."蓝鲸"死亡游戏传入中国　家长需提高警惕[EB/OL]. (2017-06-04)[2020-01-21]. http://news.cctv.com/2017/06/04/ARTIV2B1NKtQl0OaozvEGFPr170604.shtml.）

相关知识 →→→

中职生应充分认识到不良网络或不良信息的内容及危害，自觉远离不良网站，树立正确的网络观，合理、合法、适度地利用网络。

一、不良网站或不良信息的内容

1）危害国家安全、荣誉和利益的内容。

2）煽动颠覆国家政权、推翻社会主义制度的内容。

3）煽动分裂国家、破坏国家统一的内容。

4）宣扬恐怖主义、极端主义的内容。

5）宣扬民族仇恨、民族歧视的内容。

6）传播暴力、淫秽色情信息的内容。

7）编造、传播虚假信息扰乱经济秩序和社会秩序的内容。

8）侵害他人名誉、隐私和其他合法权益的内容。

9）互联网相关法律法规禁止的其他内容。

二、不良网站的危害

1. 传播反动信息的危害

反动信息常以一种煽动的方式来宣传违背历史潮流和社会发展规律的政治言论，这样的言论会致使涉世未深的中职生的思想错位。

2. 传播暴力信息的危害

网络游戏及相关网站充斥的暴力内容，会对中职生造成一定的负面影响。中职生如果大量地接触这类内容，会对游戏中的暴力场面和暴力行为习以为常。这就容易使中职生被误导，一旦他们在现实生活中遇到某些需要解决的棘手问题，就可能采用暴力手段解决。

3. 传播淫秽色情信息的危害

淫秽色情信息会对中职生造成精神污染，严重毒害青少年的身心健康，这类不良信息被称为"电子海洛因"。

4. 传播虚假信息的危害

各种不真实信息（如虚假新闻、虚假广告、虚假身份等）在网络上粉墨登场。这让不少中职生产生一种错觉，认为在网上可以随意地、无责任地发布信息，严重损害媒体的公信力。

三、远离不良网站

远离不良网站的做法：①不主动浏览不良网站；②对不良网站积极举报。

加大力度打击网络不良信息势在必行，中职生应该增强辨别能力，主动远离不良网站。

小提示

举报不良网站的方式

1）登录举报中心官网（http://www.12377.cn）举报。
2）拨打 12377 举报热线举报。
3）下载安装"网络举报"客户端举报。
4）关注举报中心官方微博"国家网信办举报中心"，点击"私信举报"。
5）关注举报中心官方微信公众账号"国家网信办举报中心"，点击"一键举报"。
6）发送邮件至邮箱 jubao@12377.cn 举报。

课后检测

请扫描二维码进行在线同步测试。

在线同步测试 37

第三节　拒绝传播网络谣言

网络谣言是指通过网络介质（如网站、网络论坛、聊天软件等）传播的，没有事实依据且带有攻击性、目的性的话语，主要涉及突发事件、公共领域、政治人物、颠覆传统、离经叛道等内容。

谣言传播具有突发性且流传速度极快，因此对正常的社会秩序易造成不良影响。偷换概念、以偏概全的谣言防不胜防；宁信其有，不信其无，从众心理导致谣言加速传播。网络谣言尤其是网络政治谣言由于真伪难辨、蛊惑性强，容易引发严重的社会问题，甚至引发社会动荡和政局失稳。许多国家把打击网络政治谣言作为谣言治理的重要内容，综合施策、严厉打击。

案例 →→→

谣言：多喝水能治疗感冒

感冒不仅要喝水，而且还要多喝水，这似乎已经成了人们头脑中根深蒂固的一个常识。所以，很多人在感冒后，会试图先不吃药，而是通过多喝水来治好感冒。对此，首都医科大学附属北京朝阳医院京西院区急诊科副主任医师徐爱民介绍，多喝水并不能治疗感冒，普通感冒是一种自限型疾病，无论是否用药，随着时间推移，一般经过五到七天之后，就可以自然缓解。如果感冒期间一味地大量饮水，就会容易造成水中毒，也就是造成低钠血症、细胞水肿，这时会出现头晕、无力等表现。所以感冒期间并不适合大量饮水。

（资料来源：佚名，2020. 2019 年十大谣言盘点[EB/OL]. (2020-01-03)[2020-01-31].
http://society.people.com.cn/n1/2020/0103/c1008-31533810.html）

相关知识 →→→

随着互联网的发展和普及程度的提高，我国互联网上发生了越来越多的谎言、谣言传播事件，污染了网络环境，扰乱了社会秩序，也严重损害了我国互联网的形象和公信力，引起广大网民和互联网业界的公愤。网络上谣言泛滥，危害巨大，后果不堪设想。

一、网络谣言的法律解释

《中华人民共和国刑法修正案（九）》第三十二条规定在《中华人民共和国刑法》第

二百九十一条之一中增加一款作为第二款:"编造虚假的险情、疫情、灾情、警情,在信息网络或者其他媒体上传播,或者明知是上述虚假信息,故意在信息网络或者其他媒体上传播,严重扰乱社会秩序的,处三年以下有期徒刑、拘役或者管制;造成严重后果的,处三年以上七年以下有期徒刑。"《关于执行〈中华人民共和国刑法〉确定罪名的补充规定(六)》将该款的罪名确定为编造、故意传播虚假信息罪。

二、拒绝传播网络谣言

解决互联网谣言问题,首要强调的是责任意识。不管是舆论的发起者还是网站的管理者,抑或是围观的网民,都应该树立责任意识,在各自的责任范围内维护好网络秩序,不能让网络谣言肆意传播。网民应多多加以理性分析,正视网络信息的真实性问题,不过度依赖、不轻信盲从,对于未经证实或难以证实的信息保持理性,如此才能有效提高对网络谣言的识别力和免疫力,免受网络谣言带来的危害。

1)坚决抵制不良诱惑,与网络谣言做斗争。

2)要树立文明上网的意识,对自己的行为负责。

3)不轻信网络谣言,可以向有关部门举报。

4)学会用法律武器保护自己。

三、应对网络谣言的途径

网络谣言横生,我们应如何应对网络谣言呢?

1)搞清楚谣言是什么、谣言的来源及造谣者的目的。

2)留存证据。

3)向当地公安机关报案。

在互联网时代,我们要合理地运用网络,不造谣、不传谣,同时也要保证自己不被谣言中伤,必要时用法律手段保护自己。

课后检测

请扫描二维码进行在线同步测试。

在线同步测试 38

第四节 拒绝网络诈骗

网络诈骗是指以非法占有为目的,利用互联网,采用虚构事实或者隐瞒真相的方法,骗取数额较大的公私财物的行为。

案例 →→→

网络诈骗

2017 年，内蒙古自治区包头市警方破获一起特大电信网络诈骗团伙案，抓获犯罪嫌疑人 166 名。犯罪团伙通过网络联系受害者，然后自编自导"剧本"，实施诈骗。逾百名务工人员被骗，涉案金额达 110 万元。

（资料来源：佚名，2018. 有剧本、靠演技……内蒙古"网恋"诈骗团伙被打掉[EB/OL]. (2018-01-17)[2020-01-21]. http://www.chinanews.com/sh/2018/01-17/8426678.shtml.）

相关知识 →→→

一、常见电信网络诈骗类型

常见电信网络诈骗类型如下。

1）利用社交软件进行诈骗。

2）利用虚假信息诈骗。

3）冒充公职人员进行诈骗。

4）校园贷诈骗。

5）网购诈骗。

二、预防诈骗的方法

预防诈骗的方法如下。

1）转账前要通过电话等方式核实确认，网上聊天时要留意系统弹出的防诈骗提醒。

2）手机和计算机要安装安全软件；QQ、微信要开启设备锁及账号保护功能，提高账号安全等级。

3）不要连接陌生 Wi-Fi。

4）不要向他人透露短信验证码，支付密码与账号登录密码不要相同。

5）不要轻易点击陌生链接。

小提示

预防网络诈骗宣传标语

网络诈骗花样多，不予理睬准没错。

飞来大奖莫高兴，准是骗钱没好心。

网络诈骗不难防，不贪不给不上当。

聊天视频可造假，认真核对不轻信。

家庭情况要保密，陌生询问多留心。

陌生电话先求证，寄钱汇款须谨慎。

不明电话及时挂，可疑短信莫理他。

天上不会掉馅饼，涉钱信息勿轻信。

网络购物很便利，支付流程要心细。

涉钱信息多提防，十条信息九条骗。

陌生链接不要入，小心木马和病毒。

半夜来电须详辨，陌生号码不要回。

贪小便宜吃大亏，不贪钱财不伤身。

课后检测

请扫描二维码进行在线同步测试。

在线同步测试 39

第五节　保护个人信息

一些不法分子利用互联网漏洞实施诈骗，严重危害人们的财产安全。我们在上网过程中要随时保持警惕，保护好个人信息。

案例 →→

小学生用照片"刷脸"取快递

2019 年 10 月，嘉兴市某外国语学校 402 班科学小队向媒体透露：他们在一次测试中发现，只要用一张打印照片就能代替真人刷脸，轻而易举地打开快递柜取件。

随着人工智能的普及，现在刷脸支付、人脸识别解锁、人脸识别登录已经越来越普及，但黑客可能仅凭一张用户的高清照片就能成功解锁用户手机，窃取用户信息和财产。这次小学生的测试结果也在提醒大家提高安全意识，保护个人隐私信息及财产安全。

（资料来源：张璇，裘立华，2019. 小学生成功用照片"刷脸"取快递，"刷脸技术"靠谱吗？[EB/OL]. (2019-10-20)[2020-01-21]. http://m.xinhuanet.com/2019-10/20/c_1125128237.htm.）

相关知识 →→→

一、个人信息泄露现状

信息时代，电商了解我们的消费需求，网络打车平台清楚我们每天的行踪，移动支付平台掌握我们的财产变动……个体的位置、通信、征信、交易等各类信息被源源不断地收集、存储在网络空间，每个人似乎都成了"透明人"。

个人信息在网络上并不安全。2017 年 3 月，公安部开展了打击整治黑客攻击破坏和网络侵犯公民个人信息犯罪专项行动，仅 4 个月时间就侦破相关案件 1800 余起，查获各类被非法倒卖公民个人信息 500 余亿条。这些案件的曝光令人心惊，引发公民对个人信息安全的担忧。

目前，遭泄露的公民个人信息涉及金融、电信、教育、医疗、房产、快递等部门和行业共计 40 余类。

其中，黑客攻击窃取、各行各业"内鬼"和网上数据交易黑平台成为公民个人信息泄露的主要源头，由此滋生网络电信诈骗、网络盗窃、敲诈勒索等下游犯罪。

二、避免个人信息泄露的方法

1）开启系统或软件防火墙，安装杀毒软件并及时更新病毒数据库，定时杀毒。

2）在网上尽量使用网名，而不要使用真名。

3）不要轻易将自己或家庭成员的信息告诉他人，包括姓名、年龄、照片、家庭地址、电话号码、学校、班级名称等。

4）不访问含有色情等不良信息的网站，这些网站常常包含木马程序。

5）离开计算机之前应关闭浏览器、聊天软件等，并妥善保管自己的各种密码。

三、法律保护

《中华人民共和国刑法》第二百五十三条之一规定："违反国家有关规定，向他人出售或者提供公民个人信息，情节严重的，处三年以下有期徒刑或者拘役，并处或者单处罚金；情节特别严重的，处三年以上七年以下有期徒刑，并处罚金。"我们应学会用法律手段保护自己，遇到个人信息受到泄露情况时，要及时保存好原始资料，运用法律手段处理，使自己的合法权益得到保护。

课后检测

请扫描二维码进行在线同步测试。

在线同步测试 40

参 考 文 献

雷思明，2014. 安全教育指导与实践[M]. 上海：华东师范大学出版社.

李声武，2016. 中职生安全教育读本[M]. 北京：北京理工大学出版社.

李永志，梁朝阳，付洪涛，2016. 安全教育知识读本[M]. 长春：东北师范大学出版社.

魏立华，2015. 食品安全知识必读[M]. 北京：中国质检出版社，中国标准出版社.

《中职生安全教育读本》编写组，2015. 中职生安全教育读本[M]. 北京：高等教育出版社.